電気理論

厚生労働省認定教材	
認定番号	第58683号
認定年月日	昭和63年9月30日
改定承認年月日	平成30年1月11日
訓練の種類	普通職業訓練
訓練課程名	普通課程

独立行政法人 高齢・障害・求職者雇用支援機構
職業能力開発総合大学校 基盤整備センター 編

は し が き

　本書は職業能力開発促進法に定める普通職業訓練に関する基準に準拠し，電気・電子系及び電力系の系基礎学科「電気理論」等の教科書として編集したものです。

　作成にあたっては，内容の記述をできるだけ平易にし，専門知識を系統的に学習できるように構成してあります。

　本書は職業能力開発施設での教材としての活用や，さらに広く電気分野の知識・技能の習得を志す人々にも活用していただければ幸いです。

　なお，本書は次の方々のご協力により改定したもので，その労に対し深く謝意を表します。

〈監修委員〉
　清 水 洋 隆　　職業能力開発総合大学校
　田 中　　晃　　職業能力開発総合大学校

〈改定執筆委員〉
　佐 野 木 敏 之　　東京都立多摩職業能力開発センター
　山 本 哲 也　　大阪府立東大阪高等職業技術専門校

（委員名は五十音順，所属は執筆当時のものです）

平成30年1月

独立行政法人　高齢・障害・求職者雇用支援機構
職業能力開発総合大学校　基盤整備センター

はしがき

平成30年1月

目　次

第1章　直流回路

第1節　電流と電圧 ……………………………………………………… 12

 1.1　電子と電荷 ……………………………………………………… 12
 1.2　電　　流 ………………………………………………………… 13
 1.3　電圧と電位差 …………………………………………………… 15
 1.4　電気抵抗 ………………………………………………………… 16

第2節　直流回路 ………………………………………………………… 18

 2.1　オームの法則 …………………………………………………… 18
 2.2　合成抵抗 ………………………………………………………… 19
 2.3　分圧・分流 ……………………………………………………… 31
 2.4　電池の接続 ……………………………………………………… 35
 2.5　キルヒホッフの法則 …………………………………………… 39
 2.6　重ね合わせの理 ………………………………………………… 44
 2.7　ブリッジ回路 …………………………………………………… 46

第3節　電気抵抗の性質 ………………………………………………… 49

 3.1　抵抗率と導電率 ………………………………………………… 49
 3.2　温度による抵抗変化 …………………………………………… 51
 3.3　絶縁抵抗 ………………………………………………………… 53
 3.4　接触抵抗 ………………………………………………………… 53
 3.5　接地抵抗 ………………………………………………………… 54

第4節　電力と電力量 …………………………………………………… 55

 4.1　電　　力 ………………………………………………………… 55
 4.2　電　力　量 ……………………………………………………… 56

第5節　電流の作用 …………………………………………………………… 57

 5.1 電流の熱作用 ……………………………………………………… 57
 5.2 温度と許容電流 …………………………………………………… 58
 5.3 電　　　池 ………………………………………………………… 60
 5.4 電流に関するその他の作用 ……………………………………… 62

第1章のまとめ ………………………………………………………………… 67

第1章　練習問題 ……………………………………………………………… 68

第2章　電流と磁気

第1節　磁石の性質と働き …………………………………………………… 72

 1.1 磁石の性質 ………………………………………………………… 72
 1.2 物質に及ぼす磁気作用 …………………………………………… 73
 1.3 クーロンの法則 …………………………………………………… 74
 1.4 磁界と磁界の強さ ………………………………………………… 76
 1.5 磁 気 誘 導 ………………………………………………………… 77
 1.6 磁 力 線 ………………………………………………………… 77
 1.7 磁束と磁束密度 …………………………………………………… 79
 1.8 磁気モーメント …………………………………………………… 80
 1.9 地 磁 気 ………………………………………………………… 81

第2節　電流の磁気作用 ……………………………………………………… 82

 2.1 電流のつくる磁界 ………………………………………………… 82
 2.2 直線電流のつくる磁界 …………………………………………… 83
 2.3 コイルのつくる磁界 ……………………………………………… 84
 2.4 電 磁 石 ………………………………………………………… 84

第3節　鉄の磁化現象 ………………………………………………………… 86

 3.1 磁 化 曲 線 ……………………………………………………… 86
 3.2 透磁率と比透磁率 ………………………………………………… 86

3.3　自己減磁作用 …………………………………………………… 87
　　3.4　磁気遮へい（シールド）………………………………………… 87
　　3.5　ヒステリシス …………………………………………………… 88
　　3.6　磁気回路 ………………………………………………………… 89

第4節　電磁力 ……………………………………………………………… 91
　　4.1　電流が磁界内で受ける電磁力の大きさ ……………………… 91
　　4.2　平行電線間に働く力 …………………………………………… 92

第5節　電磁誘導 …………………………………………………………… 94
　　5.1　電磁誘導作用 …………………………………………………… 94
　　5.2　誘導起電力の大きさ …………………………………………… 95
　　5.3　直線状導体に誘導される起電力 ……………………………… 95
　　5.4　コイルの回転による誘導起電力 ……………………………… 97
　　5.5　うず電流 ………………………………………………………… 98

第6節　インダクタンス …………………………………………………… 99
　　6.1　自己誘導と自己インダクタンス ……………………………… 99
　　6.2　相互誘導と相互インダクタンス ……………………………… 100
　　6.3　自己インダクタンスと相互インダクタンスの関係 ………… 101
　　6.4　変圧器の原理 …………………………………………………… 102
　　6.5　コイルに蓄えられるエネルギー ……………………………… 104

第2章のまとめ …………………………………………………………… 106

第2章　練習問題 ………………………………………………………… 107

第3章　静　電　気

第1節　電界の性質 ………………………………………………………… 110
　　1.1　摩擦電気 ………………………………………………………… 110
　　1.2　静電誘導 ………………………………………………………… 110
　　1.3　検電器 …………………………………………………………… 111

1.4 雷　現　象 …………………………………………………………………… 112
　　　1.5 クーロンの法則 ………………………………………………………………… 112
　　　1.6 電　　界 ………………………………………………………………………… 114
　　　1.7 電 気 力 線 ……………………………………………………………………… 116
　　　1.8 ガウスの定理 …………………………………………………………………… 117
　　　1.9 電位と電位差 …………………………………………………………………… 119
　　　1.10 等 電 位 面 ……………………………………………………………………… 121
　　　1.11 静電遮へい ……………………………………………………………………… 123

　第2節　コンデンサ ………………………………………………………………………… 124
　　　2.1 静 電 容 量 ……………………………………………………………………… 124
　　　2.2 誘電体の分極現象 ……………………………………………………………… 126
　　　2.3 コンデンサの接続 ……………………………………………………………… 127
　　　2.4 コンデンサの充放電 …………………………………………………………… 129
　　　2.5 コンデンサに蓄えられるエネルギー ………………………………………… 130

　第3節　放電現象 …………………………………………………………………………… 132
　　　3.1 絶縁破壊 ………………………………………………………………………… 132
　　　3.2 火 花 放 電 ……………………………………………………………………… 132
　　　3.3 コロナ放電 ……………………………………………………………………… 133
　　　3.4 グロー放電とアーク放電 ……………………………………………………… 133

　第3章のまとめ ……………………………………………………………………………… 135

　第3章　練 習 問 題 ………………………………………………………………………… 137

第4章　交流の性質

　第1節　正弦波交流の性質 ………………………………………………………………… 140
　　　1.1 直流と交流 ……………………………………………………………………… 140
　　　1.2 正弦波交流 ……………………………………………………………………… 140
　　　1.3 周　波　数 ……………………………………………………………………… 142
　　　1.4 弧度法，電気角，角速度 ……………………………………………………… 144

1．5　位相及び位相差 …………………………………………………… 146
1．6　交流の大きさ（平均値と実効値）………………………………… 147
1．7　波形率と波高率 …………………………………………………… 149

第2節　正弦波交流のベクトル表示 ………………………………………… 150

2．1　ベクトル …………………………………………………………… 150
2．2　正弦波交流のベクトル表示法 …………………………………… 150
2．3　正弦波交流の和と差 ……………………………………………… 152

第4章のまとめ …………………………………………………………………… 155

第4章　練習問題 ………………………………………………………………… 156

第5章　交流回路

第1節　基本回路とその性質 ………………………………………………… 160

1．1　抵抗回路（R回路）……………………………………………… 160
1．2　誘導性リアクタンス回路（L回路）…………………………… 161
1．3　容量性リアクタンス回路（C回路）…………………………… 163

第2節　直列回路の計算 ……………………………………………………… 167

2．1　抵抗と誘導性リアクタンスの直列回路（$R-L$直列回路）…… 167
2．2　抵抗と容量性リアクタンスの直列回路（$R-C$直列回路）…… 170
2．3　$R-L-C$直列回路 ……………………………………………… 172
2．4　直列共振 …………………………………………………………… 174

第3節　並列回路の計算 ……………………………………………………… 176

3．1　抵抗と誘導性リアクタンスの並列回路（$R-L$並列回路）…… 176
3．2　抵抗と容量性リアクタンスの並列回路（$R-C$並列回路）…… 177
3．3　$R-L-C$並列回路 ……………………………………………… 179

第4節　交流の電力……………………………………………………………… 182

 4.1　電力と力率 ……………………………………………………… 182

 4.2　皮相・有効・無効電力 ………………………………………… 183

 4.3　力率の改善 ……………………………………………………… 186

第5節　記号法を用いた回路の計算 …………………………………………… 188

 5.1　複素数とベクトル ……………………………………………… 188

 5.2　インピーダンスとアドミタンス ……………………………… 193

 5.3　複素電力 ………………………………………………………… 197

 5.4　キルヒホッフの法則 …………………………………………… 199

 5.5　ブリッジ回路 …………………………………………………… 200

 5.6　回路計算に役立つ原理や定理 ………………………………… 201

 5.7　電圧電流の極性と位相差の測定 ……………………………… 206

第6節　三相交流 ………………………………………………………………… 207

 6.1　三相起電力 ……………………………………………………… 207

 6.2　三相結線 ………………………………………………………… 207

 6.3　回転磁界と三相電動機 ………………………………………… 216

第5章のまとめ …………………………………………………………………… 219

第5章　練習問題 ………………………………………………………………… 221

第6章　ひずみ波交流

第1節　ひずみ波交流の表現 …………………………………………………… 224

 1.1　ひずみ波交流の波形 …………………………………………… 224

 1.2　ひずみ波交流の表し方 ………………………………………… 225

第2節　ひずみ波交流の作用 …………………………………………………… 228

 2.1　ひずみ波起電力の作用 ………………………………………… 228

 2.2　実効値 …………………………………………………………… 229

第6章のまとめ……………………………………………………………………… 231

第6章　練習問題…………………………………………………………………… 232

第7章　過渡現象

第1節　過渡現象の基礎…………………………………………………………… 234
　　1.1　過渡状態と定常状態 …………………………………………………… 234

第2節　過渡現象の解析例………………………………………………………… 236
　　2.1　$R-L$回路………………………………………………………………… 236
　　2.2　$R-C$回路………………………………………………………………… 238

第7章のまとめ……………………………………………………………………… 242

第7章　練習問題…………………………………………………………………… 243

第1章～第7章　練習問題の解答………………………………………………… 244

索　　　引…………………………………………………………………………… 264

第1章
直流回路

　私たちの生活で，いまや電気エネルギーは欠かせないものとなっている。私たちが日常使用している電気には乾電池・バッテリーなどに代表される直流と，一般家庭のコンセントに代表される交流がある。
　この章では，電気エネルギーの基礎を簡単に述べることから始める。次に，直流における電気回路の抵抗・電圧・電流の関係，計算の方法，及び電流の熱作用・化学作用，電池などについて学ぶ。

第1節　電流と電圧

1.1　電子と電荷

　私たちの周りの物質は，普通，固体，液体，気体の3種類の状態で存在している。そしてそれらは，非常に小さな**分子**が多数集まったものと考えられている[(1)]。分子は，また小さな**原子**[(2)]と呼ばれる微粒子の集まりからできていて，物質が異なるとその原子の構造や集まり方が違う。しかし，どの原子をとっても図1-1のように，その中心に一つの**原子核**があり，その周りに何個かの**電子**が，定められた**軌道**で自転しながら回転運動をしているものと考えられている。

　このような回転運動を保っている原因は，原子核の陽子が正（+）の電気をもち，電子が負（-）の電気をもっていて電気的引力が作用しているためである。原子核のもっている正の電気量と，電子全部のもっている負の電気量とは，ちょうど等しく互いに打ち消し合って，外部に対しては電気の性質を表さない。このような状態を，電気的に中性（中和）であるという。電子の中でも外側の軌道上にあるものは，中心の原子核との結び付きが，内側の軌道上にある電子に比べて弱く，外部からのエネルギー（熱，光，微粒子の衝突など）を受けると，もとの軌道[(3)]から外部に飛び出し，原子と原子との間を自由に動き回ることがある。このように，

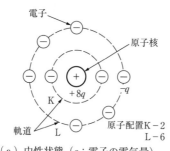 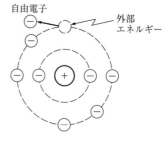

（a）中性状態（q：電子の電気量）　　　（b）電子の軌道外飛出し

図1-1　原子構造の様子（酸素原子の例）

---

(1)　一般的に金属は分子を作らず，原子が集まったものである。
(2)　原子は，これ以上分割できない最小の粒子と考えられてきたが，近年の研究により，もっと小さなクォークという素粒子からできていると解明されてきた。
(3)　電子の軌道には，原子核を中心に近いものから順にK，L，M，N……の軌道があり，それぞれの軌道に電子の入りうる定員がある。また，いちばん外側の軌道にある電子を，原子価電子（**価電子**）と呼んでいる。
　　　一つの電子の電気量は，-1.602×10^{-19} C，質量は，9.109×10^{-31} kgである。
　　　なお，最も軽い水素原子の原子核，すなわち陽子の質量は，1.673×10^{-27} kgで電子の約1 840倍である。

第1節　電流と電圧

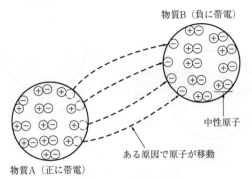

図1－2　物質の帯電

原子核の拘束を離れた電子のことを**自由電子**と呼んでいる。

　いま，図1－2のように中性の状態にある物質から電子が飛び出せば，結果的には正電気を帯びることになる。これを正に**帯電**したという。また，電子が飛び込んだ物質は，それだけ負電気が増加したことになるので，負に帯電したという。このように物質の電気量のつり合いが破れると，外部に対しては，**静電気**（静止している電気）の作用が現れるようになる。

　以上で述べた言葉「電気」の代わりに「電気を帯びたもの」として「**電荷**」という用語も使われる。したがって，電荷には，負の電荷と，正の電荷があるといえる。同じ種類の電荷は互いに反発し，異なった種類の電荷は逆に吸引しあう力が働く。このような作用については「第3章　静電気」で詳しく学ぶ。

　物質が帯電したときの電荷の量は**電気量**といい，電気量を表す量記号に Q，又は q，単位に**クーロン**（coulomb，単位記号［C］）を用いる。

1.2　電　　流

　図1－3のように，正電荷をもった物質Aと負電荷をもった物質Bとを導線でつなぐと，両物質に含まれている電荷の間に**引力**が働き，物質Bの負電荷である自由電子は，自由に動き回れるため，物質Aの正電荷に引っ張られて移動し，物質Aの正電荷を中和する。この場合，BよりAに向かって電子が流れる。この電子が流れている状態を**電流**が流れているという。

　電流が電子の流れであることが分かったが，昔の科学者は，電流は，正の電荷の流れであるとして電気の研究を進めてきた。このような電気の歴史的発展を考慮して，現在でも便宜上「電流の方向は，電子の流れと反対の方向である」と定めている。

　電子を通しやすい物質を**導体**といい，反対に電子を通しにくい物質を**絶縁体**という。

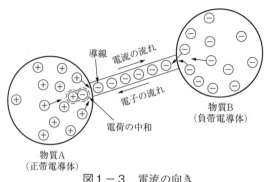

図1−3　電流の向き

　表1−1は，導体と絶縁体の一例である。また，電子の流れを妨げて電気を熱などのエネルギーに変換する役割をもった物体を**抵抗体**，又は単に**抵抗**と呼んでいる。

表1−1　導体と絶縁体

導　　体	絶　縁　体
銀，銅 金，アルミニウム ニクロム	ガラス，エボナイト，油， ベークライト，パラフィン， 絹，合成繊維，ポリエチレン， 乾いた空気

　電流の大きさは，導体の中を1秒間に通過する電気量の割合で表す。

　いま，導体の中をt秒間［s］にQ［C］の電気量が一様に移動するときの，電流の大きさは次のようになる。電流を表す量記号はI，単位は**アンペア**（ampere，単位記号［A］）を用いる。

$$I = \frac{Q}{t} \quad\cdots\cdots\cdots\cdots\cdots\cdots\cdots\cdots\cdots\cdots\cdots\cdots\cdots\cdots\cdots\cdots\cdots\cdots\cdots\cdots\cdots\cdots\cdots\cdots(1-1)$$

　すなわち，**毎秒1Cの電荷が移動したときを1A**[4]**の電流が流れた**という。電流の大小に応じて，次のような単位を用いる。

$$\frac{1}{1\,000\,000} = 10^{-6} = 1\,\mu\text{A}　（マイクロアンペア）$$

$$\frac{1}{1\,000} = 10^{-3} = 1\,\text{mA}　（ミリアンペア）$$

$$1\,000 = 10^3 = 1\,\text{kA}　（キロアンペア）$$

---

[4]　電子の電気量は1.602×10^{-19}Cである。よって1Aの電流は，1秒間に$1/1.602 \times 10^{-19} = 6.24 \times 10^{18}$個の電子が導体の中を通過した状態である。

〔例題1〕 5秒間に450Cの電荷が一様に電線中を流れた。この場合の電流は何アンペアか。

(解) 式（1－1）より，

$$I = \frac{Q}{t} = \frac{450}{5} = 90 \text{ A}$$

〔例題2〕 37×10^{-4}Aの電流は何ミリアンペアか。また，何マイクロアンペアかそれぞれ求めよ。

(解) $37 \times 10^{-4} = 37 \times 10^{-1} \times 10^{-3} = 3.7 \text{ mA}$

$37 \times 10^{-4} = 37 \times 10^{2} \times 10^{-6} = 3\,700 \text{ μA}$

1.3 電圧と電位差

電気の流れは見えないため，その概念を説明するのに，身の周りで日ごろ経験している水流の性質を引き合いにすることが多い。

図1－4に示すように同一水平面に置かれた二つの水タンクと，水車が取り付けられたパイプから作られた装置では，水は水位の高い所から水位の低いほうへ向かって流れる。この水流の勢いはタンクAの水位とタンクBの水位の差（水位差）に比例し，かつパイプの太さや動力を取り出す水車に関係する。水が流れるに従ってタンクAの水位は減少し，A，B間の水位差は，だんだん小さくなり，A，Bとも同じ水位になると，水の流れは止まる。電気にもこれに似た性質があり，水位，水位差に相当するものをそれぞれ**電位**，**電位差**（又は，**電圧**）と呼び，電圧に比例した電流が流れる。電圧を表す量記号にV，単位に**ボルト**（volt, 単位記号〔V〕）を用いる。電圧の定義は「第3章第1節1.9」で扱う。

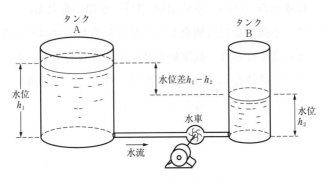

図1－4 水 位 差

いま，図1－5（a）のように，乾電池の陽極（＋極）と陰極（－極）を導線で豆電球に結ぶと，電流が正極より負極に向かって流れるが，このような電流の通路を**電気回路**，又は単に**回路**という。これを図1－5（b）のような図で表したものが，**回路図**である。

このようにして一般の電気回路は，電流を流すための原動力（**起電力**という）をもつ要素，

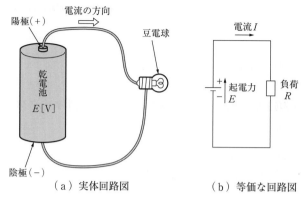

図1-5 電気回路の一例

すなわち**電源**[5]や，抵抗のように電流の大きさを制限する作用をする要素，また電球のように電源のもつエネルギーを利用する要素，すなわち負荷などが含まれ，それぞれが定められた図記号で示される。

1.4 電気抵抗

水が管内を流れるとき，同じ水位差の場合でも，管径の大小やその内部状態で流れる水の流速や量が違う。これと同じように，電流も同じ電圧に対して流れやすいものもあれば流れにくいものもある。この電流の流れを妨げる性質を**電気抵抗**，又は単に**抵抗**といっている。導体とか絶縁体とかの区別はこの抵抗の大小によるもので，導体のように電流が流れやすいものを抵抗が小さいといい，絶縁体のように電流が流れにくいものを抵抗が大きいとう。抵抗を表す量記号に R 又は r ，単位に**オーム**（ohm，単位記号 $[\Omega]$ ）が用いられる。

導体と絶縁体の間には，中間的な抵抗値をもつシリコンやゲルマニウムなどのような**半導体**がある。半導体は，温度が高くなるほど抵抗値が減少する性質をもち，熱や光などの影響を受けやすい物質である。また，純粋なシリコンやゲルマニウム（真性半導体という）に不純物を加えると，導電性をいろいろと変化させることができる。

---

(5) 電源の起電力は E 記号で示すことが多い。
　　なお，私たちが使う乾電池などの電源は，使用中に性能が低下したり，電圧が変化したりするが，しばらくの間は電源は一定の起電力のみをもつものと理想化して取り扱うこととする。

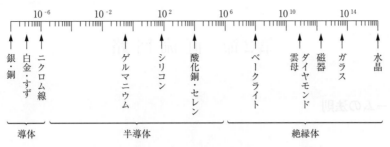

図1－6　いろいろな物質の抵抗率　[$\Omega \cdot m$][6]

　図1－6は，いろいろな物質の常温における**抵抗率**を比較し，導体，半導体，絶縁体に区分した図である。区分は明確に定められたものではない。

　なお，回路部品としての抵抗器は，材料，形状などの種類が豊富であるが，形状の例を図1－7に示す。

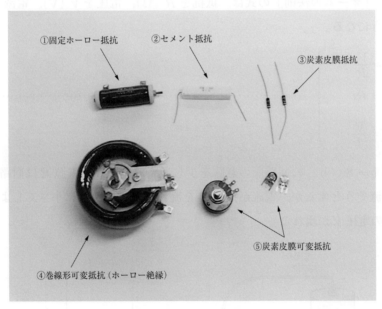

図1－7　抵抗器の形状例

---

[6]　抵抗率の単位 [$\Omega \cdot m$] については，「本章第3節3.1」(49ページ) を参照のこと。

第2節　直流回路

2.1　オームの法則

図1-8のように抵抗の両端に電池を接続したとき，抵抗の中を流れる電流は加えられた電圧に比例し，抵抗に反比例する。

$$電流 \propto {}^{(7)} \frac{電圧}{抵抗}$$

この関係は「**オームの法則**」として知られている。国際単位系（SI）[8]では1Vの電圧を加えたとき，抵抗体の中を1Aの電流が流れるような抵抗値を1Ωと定めている。

したがって，「オームの法則」の式は，抵抗をR [Ω]，電圧をV [V]，電流をI [A] とすれば，次のようになる。

$$\left. \begin{array}{l} I = \dfrac{V}{R} \\ V = RI \\ R = \dfrac{V}{I} \end{array} \right\} \quad \cdots\cdots\cdots\cdots\cdots\cdots\cdots\cdots\cdots (1-2)$$

ここで，図1-8（b）の回路図の意味を少し考えておこう。電源Eは回路にできるだけ大きな電流を流そうとするが，電流が抵抗Rを流れると電流を逆に小さくしようとする電源Eとは逆向きの電圧Vが現れる。

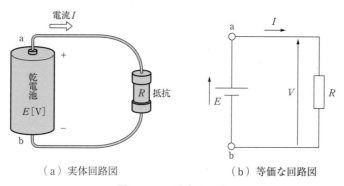

（a）実体回路図　　　（b）等価な回路図

図1-8　電気回路

---

(7)　∝は，比例を表す数学記号である。
(8)　国際単位系（SI）は，メートル系諸単位の多様化を制止し，メートル系の一貫性を確立することを目的として，1960年の国際度量衡総会で採択された計量単位系である。

なお，抵抗の値が非常に大きいものや，反対に非常に小さい場合には〔Ω〕だけでは不便なので，キロオーム（kilo ohm，単位記号〔kΩ〕），メガオーム[9]（mega ohm，単位記号〔MΩ〕）やマイクロオーム（micro ohm，単位記号〔μΩ〕）という接頭語をつけた単位も用いられる。

抵抗 R〔Ω〕の逆数 $1/R$ を**コンダクタンス**と呼び，量記号に G，単位に**ジーメンス**（siemens，単位記号〔S〕）を用いる。

$$G = \frac{1}{R} \quad \cdots\cdots\cdots\cdots\cdots\cdots\cdots\cdots\cdots\cdots\cdots\cdots\cdots\cdots\cdots\cdots\cdots\cdots\cdots (1-3)$$

コンダクタンス G は，電流の流れを妨げる抵抗 R の逆数であるから，これは，導体中を流れる電流の通りやすさを表す量とみることができる。このコンダクタンスを使用すると「オームの法則」は，次のように表すこともできる。

$$I = \frac{V}{R} = GV \quad \cdots\cdots\cdots\cdots\cdots\cdots\cdots\cdots\cdots\cdots\cdots\cdots\cdots\cdots\cdots\cdots (1-4)$$

一般的にいえば，コンダクタンスはのちに述べる各種の並列回路の計算に便利であり，抵抗は直列回路の計算に便利であるといえる。

〔**例題3**〕 40Ωの抵抗体の両端に100Vの電圧を加えたとき，抵抗体を流れる電流の値を求めよ。
（**解**） 式（1-2）より，

$$I = \frac{V}{R} = \frac{100}{40} = 2.5 \text{ A}$$

2.2 合 成 抵 抗

電気回路では，いろいろな抵抗体が種々な形で接続されているが，基本的には**直列接続法**，**並列接続法**及びそれらを組み合わせた**直並列接続法**の三つに分けて考えることができる。

（1）直列接続法

図1-9のように，数個の抵抗を順次1列につなぎ合わせることを，抵抗の**直列接続**という。いま，図1-9（b）のように，ab間に起電力 E を接続すると，各抵抗において次の関係式が成立する。

$$\begin{aligned}
R_1\text{の両端子間の電圧} \quad & V_1 = R_1 I \\
R_2\text{の両端子間の電圧} \quad & V_2 = R_2 I \quad \cdots\cdots\cdots\cdots\cdots (1-5) \\
R_3\text{の両端子間の電圧} \quad & V_3 = R_3 I
\end{aligned}$$

---

[9] 10^6 オーム。メグオームと呼ばれる場合もある。

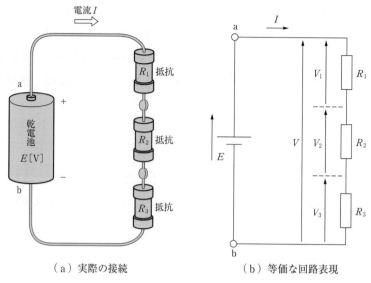

（a）実際の接続　　　　　　（b）等価な回路表現

図 1 − 9　抵抗の直列接続 [10]

ここで，各抵抗を流れる電流の大きさは同じであるから，次の関係式も得られる。

$$V(=E) = V_1 + V_2 + V_3 \quad\cdots\cdots\cdots\cdots\cdots\cdots\cdots\cdots\cdots\cdots\cdots\cdots\cdots\cdots (1-6)$$

$$V = R_1 I + R_2 I + R_3 I = (R_1 + R_2 + R_3)I \quad\cdots\cdots\cdots\cdots\cdots\cdots\cdots (1-7)$$

$$\therefore \ \frac{V}{I} = R_1 + R_2 + R_3 = R \quad\cdots\cdots\cdots\cdots\cdots\cdots\cdots\cdots\cdots\cdots\cdots\cdots (1-8)$$

式（1−8）は，直列接続された三つの抵抗が，外に対しては一つの別の抵抗 R として見えることを意味している。このときの抵抗 R を**合成抵抗**（又は**等価抵抗**）という。

以上のことから n 個の抵抗を直列に接続したとき，その合成抵抗 R は，各抵抗の和となる。つまり，

$$R = R_1 + R_2 + R_3 + \cdots + R_n \quad\cdots\cdots\cdots\cdots\cdots\cdots\cdots\cdots\cdots\cdots (1-9)$$

また，$R_1 = R_2 = R_3 = \cdots = R_n = R_0$ のときは，

$$R = nR_0 \quad\cdots\cdots\cdots\cdots\cdots\cdots\cdots\cdots\cdots\cdots\cdots\cdots\cdots\cdots\cdots\cdots\cdots\cdots (1-10)$$

また，式（1−5），式（1−8）より，

$$V_1 : V_2 : V_3 : V = R_1 : R_2 : R_3 : R \quad\cdots\cdots\cdots\cdots\cdots\cdots\cdots\cdots (1-11)$$

$$\left. \begin{array}{l} V_1 = \dfrac{R_1}{R} V \\[4pt] V_2 = \dfrac{R_2}{R} V \\[4pt] V_3 = \dfrac{R_3}{R} V \end{array} \right\} \quad\cdots\cdots\cdots\cdots\cdots\cdots\cdots\cdots\cdots\cdots\cdots\cdots\cdots (1-12)$$

---

(10) 図 1 − 9（b）の図中で，電圧の矢印のつけ方に注意すること。各端子の電位は，矢印の頭部のほうが高いことを意味している。

すなわち，直列につながれた各々の抵抗には，それぞれの抵抗値に比例して分配された電圧（**分圧**）が加わる。

〔**例題4**〕 抵抗$R_1 = 12Ω$，抵抗$R_2 = 10Ω$，抵抗$R_3 = 8Ω$の各々の抵抗を直列に接続し，これに120Vの電圧を加えたとき，回路に流れる電流Iは何アンペアか。

（**解**） 直列合成抵抗Rは式（1-9）より，

$$R = R_1 + R_2 + R_3 = 12 + 10 + 8 = 30Ω$$

式（1-2）より，

$$I = \frac{V}{R} = \frac{120}{30} = 4\,\text{A}$$

また，以上の考え方を回路図に示すと，図1-10のようになる。

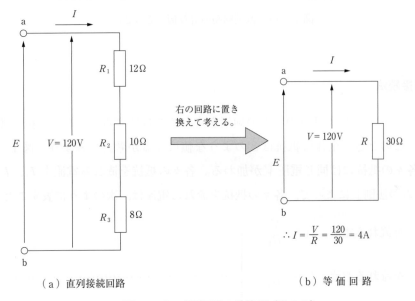

（a）直列接続回路　　　　　　　　（b）等価回路

図1-10 直列回路の計算例（その1）

〔**例題5**〕 抵抗$R_1 = 4Ω$，抵抗$R_2 = 6Ω$，抵抗$R_3 = 8Ω$の各々の抵抗を直列に接続し，この回路に4Aの電流が流れたとき，回路に加えられた電圧Vは何ボルトか。

（**解**） 式（1-9）より，

$$R = R_1 + R_2 + R_3 = 4 + 6 + 8 = 18Ω$$

式（1-2）より，

$$V = RI = 18 \times 4 = 72\,\text{V}$$

以上の考え方を回路図で考えると，図1-11のようになる。

第1章　直流回路

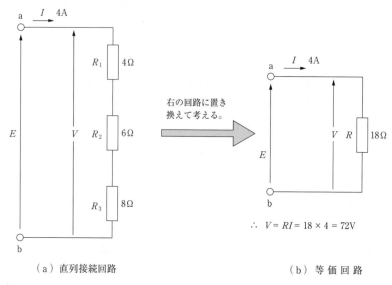

(a) 直列接続回路　　　　　　　　　　　(b) 等価回路

図1－11　直列回路の計算例（その2）

（2）並列接続法

図1－12（a）ように，抵抗の各々の両端をまとめて接続することを，抵抗の**並列接続**と呼んでいる。このとき，全体の抵抗はどのような値になるか考えてみよう。図1－12（b）において，各々の抵抗には同じ電圧Vが加わる。各々の抵抗を流れる電流をI_1，I_2，I_3とすれば，「オームの法則」によって，各々の抵抗を流れる電流は，次のように表すことができる。

$$\left. \begin{array}{l} R_1 を流れる電流 \quad I_1 = \dfrac{V}{R_1} \\[6pt] R_2 を流れる電流 \quad I_2 = \dfrac{V}{R_2} \\[6pt] R_3 を流れる電流 \quad I_3 = \dfrac{V}{R_3} \end{array} \right\} \quad \cdots\cdots (1-13)$$

また，回路電流Iは，各々の抵抗を流れる電流の和である。

$$I = I_1 + I_2 + I_3 \quad \cdots\cdots (1-14)$$

式（1－13）と式（1－14）より，

$$I = \frac{V}{R_1} + \frac{V}{R_2} + \frac{V}{R_3} = \left(\frac{1}{R_1} + \frac{1}{R_2} + \frac{1}{R_3} \right) V \quad \cdots\cdots (1-15)$$

$$\frac{I}{V} = \frac{1}{R_1} + \frac{1}{R_2} + \frac{1}{R_3}$$

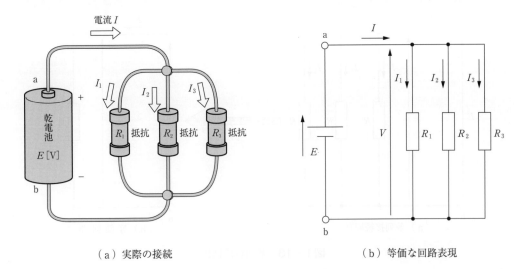

（a）実際の接続　　　　　　　　　（b）等価な回路表現

図1－12　抵抗の並列接続

$$\therefore \quad \frac{V}{I} = \frac{1}{\frac{1}{R_1} + \frac{1}{R_2} + \frac{1}{R_3}} = R \quad \cdots\cdots\cdots\cdots\cdots\cdots\cdots\cdots (1-16)$$

　図1－12（b）の回路図と式（1－16）より，ab間の電圧Vを回路の全電流Iで割った値は，ab間に接続された全抵抗の合成抵抗値を表すことになる。いまn個の抵抗を並列に接続したときの合成抵抗Rは，各抵抗の逆数の和の逆数で表せばよい。

$$R = \frac{1}{\frac{1}{R_1} + \frac{1}{R_2} + \frac{1}{R_3} + \cdots + \frac{1}{R_n}} \quad \cdots\cdots\cdots\cdots\cdots\cdots\cdots\cdots (1-17)$$

また，

$$R_1 = R_2 = R_3 = \cdots = R_n = R_0$$

のときは，

$$R = \frac{1}{\frac{1}{R_1} + \frac{1}{R_2} + \frac{1}{R_3} + \cdots + \frac{1}{R_n}} = \frac{R_0}{n} \quad \cdots\cdots\cdots\cdots\cdots\cdots (1-18)$$

　このようにして，並列抵抗回路については次の性質がある。
（a）並列合成抵抗は，各々の抵抗のどれよりも小さな値になる。
（b）全ての抵抗値が等しいときの並列合成抵抗は，1個の抵抗の$1/n$倍となる。
　一般に回路計算を行うときは，図1－13（a）の合成抵抗を求め，図1－13（b）のような回路に置き換えてから計算を進める場合がある。そのとき（b）回路は，（a）回路の**等価回路**といい，Rを**等価抵抗**と呼んでいる。

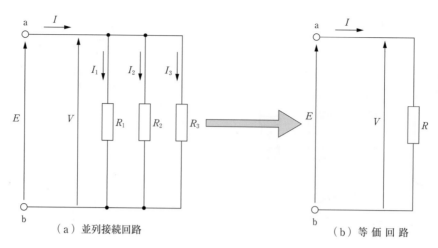

図1-13 並列合成抵抗

なお，図1-13（a）の回路はコンダクタンスを用いて計算することもできる。
式（1-3），式（1-4）より，

$$G_1 = \frac{1}{R_1}, \ G_2 = \frac{1}{R_2}, \ G_3 = \frac{1}{R_3}$$

$$I_1 = G_1 V, \ I_2 = G_2 V, \ I_3 = G_3 V$$

そして，式（1-15）は，

$$I = \left(\frac{1}{R_1} + \frac{1}{R_2} + \frac{1}{R_3}\right)V = (G_1 + G_2 + G_3)V = GV$$

となる。

したがって，次の関係が成り立つ。

$$\left.\begin{array}{l}\text{合成コンダクタンス } G = G_1 + G_2 + G_3 \\ \text{合成抵抗 } R = \dfrac{1}{G} = \dfrac{1}{G_1 + G_2 + G_3}\end{array}\right\} \quad \cdots\cdots\cdots\cdots (1-19)$$

〔例題6〕 抵抗$R_1 = 60\Omega$，抵抗$R_2 = 40\Omega$，抵抗$R_3 = 24\Omega$の各抵抗を並列にしたときの合成抵抗を求めよ。また，その回路に120Vの電圧を加えたときの全体の電流Iを求めよ。

（解） 式（1-17）より，合成抵抗Rは，

$$R = \frac{1}{\frac{1}{R_1} + \frac{1}{R_2} + \frac{1}{R_3}} = \frac{1}{\frac{1}{60} + \frac{1}{40} + \frac{1}{24}}$$

$$= \frac{1}{\frac{2+3+5}{120}} = \frac{1}{\frac{1}{12}} = 12\Omega$$

そして，式（1−2）より，

$$I = \frac{V}{R} \quad \therefore \quad I = \frac{120}{12} = 10 \text{ A}$$

又は，式（1−13），式（1−14）より，

$$I_1 = \frac{V}{R_1} = \frac{120}{60} = 2 \text{ A}$$

$$I_2 = \frac{V}{R_2} = \frac{120}{40} = 3 \text{ A}$$

$$I_3 = \frac{V}{R_3} = \frac{120}{24} = 5 \text{ A}$$

$$\therefore \quad I = I_1 + I_2 + I_3 = 2 + 3 + 5 = 10 \text{ A}$$

以上の考え方を図示すると図1−14となる。

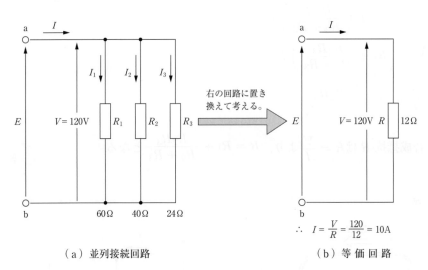

（a）並列接続回路　　　　　　（b）等価回路

図1−14　並列回路の計算例

（**別解**）並列回路の計算にはコンダクタンスを用いると便利であり，その計算方法は次のようになる。式（1−3），式（1−19）より，

$$G_1 = \frac{1}{R_1} = \frac{1}{60}\text{S}, \quad G_2 = \frac{1}{R_2} = \frac{1}{40}\text{S}, \quad G_3 = \frac{1}{R_3} = \frac{1}{24}\text{S}$$

$$G = G_1 + G_2 + G_3 = \frac{1}{60} + \frac{1}{40} + \frac{1}{24} = \frac{1}{12}\text{S}$$

式（1−4）より，

$$I = GV = 120 \times \frac{1}{12} = 10 \text{ A}$$

（3）直並列接続法

私たちが日常使っている電気装置の回路を調べると，前述の抵抗の直列接続や，並列接続のほかに，この両者を組み合わせた形の接続，すなわち**直並列接続**がある。

このとき合成抵抗は，どのように計算すればよいかを考えてみよう。

図1－15において，式（1－6）と「オームの法則」から，

$$V = V_1 + V_2$$

$$V_1 = R_1 I$$

$$V_2 = R_2 I_1 = R_3 I_2, \quad I = I_1 + I_2 \text{ より，}$$

$$V_2 = \left(\frac{1}{\frac{1}{R_2} + \frac{1}{R_3}} \right) I = \left(\frac{R_2 R_3}{R_2 + R_3} \right) I$$

$$\therefore V = V_1 + V_2$$

$$= R_1 I + \left(\frac{R_2 R_3}{R_2 + R_3} \right) I$$

$$V = \left(R_1 + \frac{R_2 R_3}{R_2 + R_3} \right) I$$

$$\frac{V}{I} = R_1 + \frac{R_2 R_3}{R_2 + R_3}$$

∴ 合成抵抗 R は $R = \dfrac{V}{I}$ より，$R = R_1 + \dfrac{R_2 R_3}{R_2 + R_3}$ となる

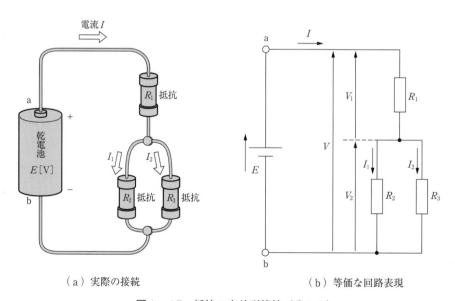

（a）実際の接続　　　　　　　　（b）等価な回路表現

図1－15　抵抗の直並列接続（その1）

回路に加わる電圧 V を回路電流 I で割るということは，その回路の全抵抗を表している。

また，図1－16に示すように，(a)回路を(b)の等価回路にし，さらに(c)回路のように置き換えながら，合成抵抗 R を求める方法もある。

$$R = R_1 + R' = R_1 + \frac{R_2 R_3}{R_2 + R_3}$$

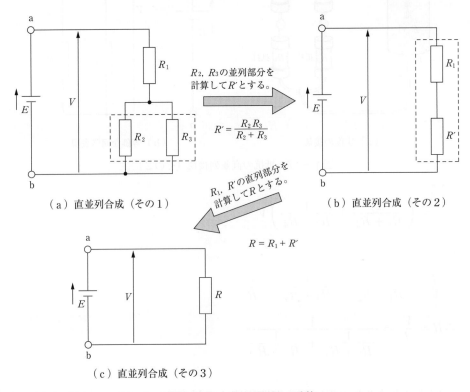

図1－16　直並列回路の計算

図1－17は，図1－15とは違った接続ではあるが，同じように直並列接続の例である。
図1－17(b)について考えてみると，式(1－14)より，

$$I = I_1 + I_2$$

式(1－8)より，

$$\frac{V}{I_1} = R_1 + R_2 \quad \therefore I_1 = \frac{V}{R_1 + R_2}$$

$$\frac{V}{I_2} = R_3 + R_4 \quad \therefore I_2 = \frac{V}{R_3 + R_4}$$

$$I = I_1 + I_2 = \frac{V}{R_1 + R_2} + \frac{V}{R_3 + R_4}$$

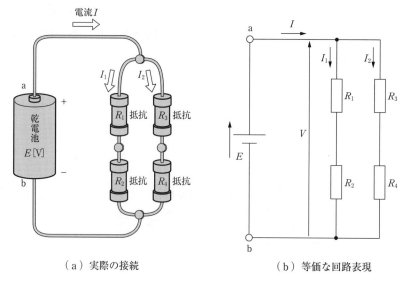

(a) 実際の接続　　　　　(b) 等価な回路表現

図1－17　抵抗の直並列接続（その2）

$$= \left(\frac{1}{R_1 + R_2} + \frac{1}{R_3 + R_4} \right) V$$

よって，

$$\frac{I}{V} = \frac{1}{R_1 + R_2} + \frac{1}{R_3 + R_4} = \frac{1}{R}$$

$$\therefore R = \frac{V}{I} = \frac{1}{\dfrac{1}{R_1 + R_2} + \dfrac{1}{R_3 + R_4}}$$

　上式は，回路に供給された電圧 V を回路電流 I で割っているので，前回路と同じく回路全体の抵抗を表していることになり，R のことを合成抵抗と呼んでいる。

　もし，$R_1 + R_2 = R'$，$R_3 + R_4 = R''$ と置き換えるならば，

$$R = \frac{1}{\dfrac{1}{R'} + \dfrac{1}{R''}} = \frac{R' R''}{R' + R''}$$

として計算できる。

　一般に，直並列回路の計算を行うときは，以上の二つの例からも分かるように，まず，回路の中で直列接続部分の計算でできるところは，直列合成抵抗の式（1－9）を用い，並列接続部分の計算が利用できるところは，並列合成抵抗の式（1－17）を適用する。順を追ってできるだけ簡単な等価回路にまとめながら計算することが，応用力も養える賢明な方法といえる。

〔例題7〕 図1−18の回路についてab間を流れる回路電流 $I = 5$ A のとき，ab間に加わる電圧 E を求めよ。

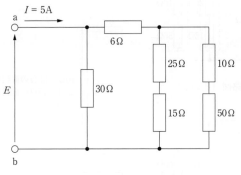

図1−18　例題7の回路

(解) 図1−19（a）より，まず直列部分の各々を直列接続法で計算し，60Ωと40Ωを求め，図1−19（b）に書き換える。60Ωと40Ωの並列合成抵抗24Ωを求め，図1−19（c）のように書き換える。抵抗6Ωと抵抗24Ωの直列合成抵抗30Ωを求めてから，図1−19（d）において，並列合成抵抗15Ωを求め，最後に図1−19（e）の等価回路について，「オームの法則」の式（1−2）を適用すると，次のようになる。

$$E = RI = 5 \times 15 = 75\text{V}$$

　例題7では，図1−19（a）回路図→（b）回路図→（c）回路図→（d）回路図→（e）回路図というように最も基本的な順序で，回路を等価的に置き換えながら計算を行う方法を示したが，慣れるに従って，（a）回路図より（c）回路図，さらに（e）回路図というように，飛び越しながら計算を速くすることができるようになる。

　次に並列接続としては特異であるが，実際上重要な例について述べる。

　図1−20のように，抵抗 R [Ω] に電圧 V [V] が加えられているとき，R [Ω] の両端子a−b間に抵抗が極めて少なく，ほとんどゼロとみなされるような導線を図のように並列に接続すると，導線に流れる電流は $I_2 = \dfrac{V}{R_2}$ となる。導線の抵抗 R_2 はほぼゼロであるから，導線に非常に大きな電流が流れる。したがって，全電流 I も，$I = I_1 + I_2$ の関係からたいへん大きな電流値になる。

　もし回路に自動的に回路を切る装置（自動遮断器やヒューズなど）が入っていないと，回路には過電流が長時間流れ，電源や電線を損傷するばかりでなく，火災などを引き起こす恐れもある。このように，R の両端子間を抵抗がゼロとみなされるような導線で接続することを，R の両端を**短絡**（又は**ショート**）するという。

　図1−21は，電気器具などのコードで起こることのある絶縁処理の不良に基づく短絡故障の一例である。

第1章　直流回路

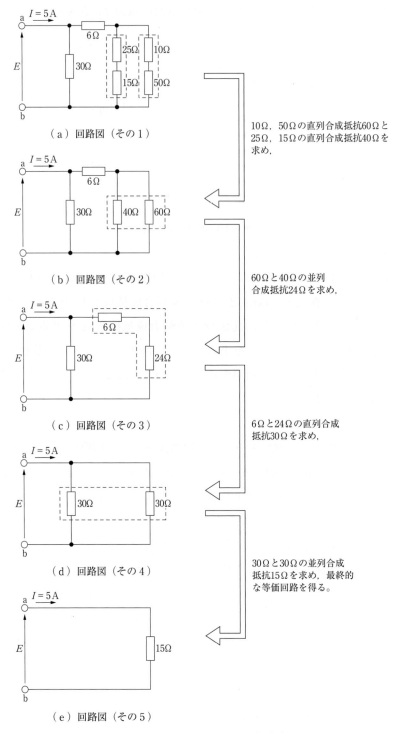

図1-19　例題7の解き方

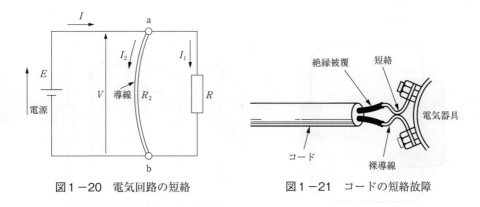

図1-20 電気回路の短絡　　　図1-21 コードの短絡故障

2.3 分圧・分流

(1) 導線における電圧降下と負荷の端子電圧

　図1-22（a）のように，電源（電池）と負荷（抵抗R）を細長い導線で接続した場合には，導線の抵抗が無視できなくなる。そこで図1-22（b）のように導線の全抵抗rをもった導線で負荷Rを電源に接続した回路として考えなければならない。rとRは直列回路であるから回路電流Iは，

$$I = \frac{V}{r+R}$$
$$V = (r+R)I$$
$$= rI + RI \quad \cdots\cdots\cdots\cdots\cdots\cdots\cdots\cdots\cdots\cdots\cdots\cdots\cdots\cdots (1-20)$$

ここで，

$$V_1 = rI$$
$$V_2 = RI \quad \cdots\cdots\cdots\cdots\cdots\cdots\cdots\cdots\cdots\cdots\cdots\cdots\cdots\cdots\cdots\cdots (1-21)$$

とおけば，式（1-20）は次式で表せる。

$$V = V_1 + V_2$$
$$V_2 = V - V_1 \quad \cdots\cdots\cdots\cdots\cdots\cdots\cdots\cdots\cdots\cdots\cdots\cdots\cdots\cdots (1-22)$$

　ここで，$V_1 = rI$は図1-22（b）に示されるように，導線中に生じる電圧であるが，点aが点cより電位が高い，言い換えれば電流Iが流れる方向に沿って電位が下がる作用を示すことから，**電圧降下**ともいう。また，$V_2 = RI$を負荷Rにかかる電圧又は**端子電圧**と呼んでいる。したがって，電源電圧が変化しなくても，導線中の抵抗が無視できないほどの大きさであるときは，負荷の大小によって，負荷の端子電圧も変化する。

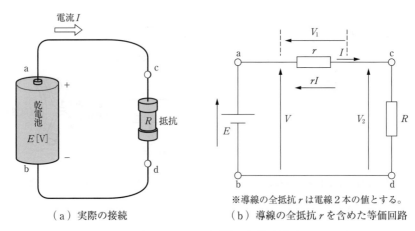

(a) 実際の接続　　　　（b) 導線の全抵抗 r を含めた等価回路

図1−22　電圧降下と端子電圧

(2) 直列抵抗における電圧の分圧

図1−23のように，抵抗 R_1，抵抗 R_2 の直列回路を電源 E につないだとき，流れる回路電流 I [A] は次のようになる。

$$I = \frac{V}{R_1 + R_2}$$

抵抗 R_1，R_2 の端子間の電圧 V_1，V_2 [V] は式 (1−2) より，

$$V_1 = R_1 I$$
$$V_2 = R_2 I$$

図1−23　電圧の分圧

$$\therefore \quad \frac{V_1}{V_2} = \frac{R_1}{R_2} \quad \cdots\cdots\cdots\cdots\cdots\cdots\cdots\cdots\cdots\cdots\cdots\cdots\cdots\cdots\cdots\cdots\cdots (1-23\mathrm{a})$$

また，$I = \dfrac{V}{R_1 + R_2} = \dfrac{V_2}{R_2}$ より，

$$V_2 = \frac{R_2}{R_1 + R_2} V \quad \cdots\cdots\cdots\cdots\cdots\cdots\cdots\cdots\cdots\cdots\cdots\cdots\cdots (1-23\mathrm{b})$$

となる。

式 (1−23a)，式 (1−23b) から，直列抵抗回路では，①全電圧が各抵抗の比に応じて分担されること，②一つの抵抗の端子電圧が分かれば，全電圧の値を知ることができる，といえる。なお，式 (1−23b) では $R_2/(R_1+R_2)$ の比のことを**分圧比**と呼ぶ。

このような，電圧の分圧を使えば，ごく小さな測定範囲の直流電圧計に直列に抵抗を取り付けて，電圧を分圧し，直流電圧計の測定範囲を広げることができる。この直列抵抗を電圧計の**倍率器**という。

〔例題8〕 内部抵抗 1 kΩ，最大指示 10 V の電圧計に $R_D = 99$ kΩ の倍率器（電圧計の測定範囲を拡大するために電圧計と直列に接続する抵抗器）を直列につなぐと，この電圧計で何ボルトまで測定できるか。

(解) 電圧計が 10 V を指示するときの電流 I は

$$I = \frac{10}{1\,000} = 0.01 \text{ A}$$

この電流による倍率器の電圧 v_2 は

$$v_2 = R_D I = 99\,000 \times 0.01 = 990 \text{ V}$$

$$E = 10 + 990 = 1\,000 \text{ V まで測れる。}$$

∴ 倍率器を接続することにより，電圧計の測定範囲が 100 倍になる。

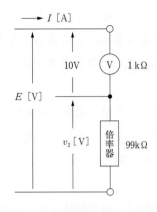

図 1-24 例題 8 の回路図

(3) 並列抵抗における電流の分流

図 1-25 のように，抵抗 R_1，抵抗 R_2 の並列回路を電源 E につないだとき，それぞれの抵抗にかかる電圧 V [V] は，次のようになる。

$$V = \frac{1}{\frac{1}{R_1} + \frac{1}{R_2}} I$$

また，抵抗 R_1，R_2 のコンダクタンスを G_1，G_2 [S] とすると，

$$\left(G_1 = \frac{1}{R_1},\ G_2 = \frac{1}{R_2} \right)$$

$$V = \frac{I}{G_1 + G_2}$$

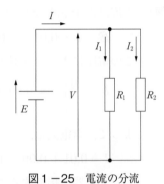

図 1-25 電流の分流

抵抗 R_1，R_2 に流れる電流 I_1，I_2 [A] は式 (1-2) より，

$$\left. \begin{array}{l} I_1 = \dfrac{V}{R_1} = G_1 V \\ I_2 = \dfrac{V}{R_2} = G_2 V \end{array} \right\}$$

∴ $\dfrac{I_1}{I_2} = \dfrac{G_1}{G_2}$ ……………………………………………………… (1-24a)

また，

$$V = \frac{I}{G_1 + G_2} = \frac{I_2}{G_2} \text{ より，}$$

$$I_2 = \frac{G_2}{G_1 + G_2} I \quad \text{……………………………………………} (1\text{-}24\text{b})$$

となる。

式（1－24a），式（1－24b）から，並列抵抗回路では，①全電流が各抵抗のコンダクタンスの比に応じて分担されること，②一つの抵抗に流れる電流が分かれば，全電流の値を知ることができる，といえる。なお，式（1－24b）では$G_2/(G_1+G_2)$の比のことを**分流比**と呼ぶ。また，コンダクタンスG_1，G_2を抵抗R_1，R_2，R_3に戻すと，$I_2 = \dfrac{R_1}{R_1+R_2}I$となる。

このような，電流の分流を使えば，ごく小さな測定範囲の直流電流計に並列に抵抗を取り付けて，電流を分流し，直流電流計の測定範囲を広げることができる。この分流用の抵抗を電流計の**分流器**という。

〔**例題9**〕 内部抵抗$1\,\Omega$，最大指示$10\,\mathrm{mA}$の直流電流計に分流器（電流計の測定範囲を拡大するために電流計と並列に接続する抵抗器）として，$1/99\,\Omega$の抵抗を接続すると，この電流計で何アンペアまで測定できるか。

（**解**） 電流計が$10\,\mathrm{mA}$を指示するときの電圧$E\,[\mathrm{V}]$は，

$$E = 1 \times 0.01 = 0.01\,\mathrm{V}$$

この電圧による分流器の電流は，

$$I_2 = \dfrac{0.01}{\dfrac{1}{99}} = 0.99\,\mathrm{A}$$

よって，全電流は，

$$I = 0.01 + 0.99 = 1\,\mathrm{A}$$

∴ 分流器を接続することにより，電流計の測定範囲が100倍になる。

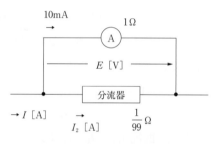

図1－26 例題9の回路図

（4）電源の内部抵抗による電圧降下

これまで述べてきた電源（電池）は起電力のみをもっていると考えてきた。しかし，実際の電源に使用している電池や，発電機などの内部には，電解液や銅線のような導体が使用されているので，電源も抵抗をもっている。これらを**電源の内部抵抗**という。図1－27（a）は，実体図を表しているが，実際に回路計算を行うときや回路について考える場合には，図1－27（b）に示すように電池（電源）の内部抵抗を回路中に表現して計算を行う。

内部抵抗$r\,[\Omega]$，起電力Eの電池に抵抗$R\,[\Omega]$を接続すれば，この回路の合成抵抗は，$(r+R)\,[\Omega]$であるから，回路電流$I\,[\mathrm{A}]$は，

$$I = \dfrac{E}{r+R} \quad\cdots\cdots\cdots\cdots\cdots\cdots\cdots\cdots\cdots\cdots (1-25)$$

$$V = RI = \dfrac{RE}{r+R} = \dfrac{(r+R)-r}{r+R}E = \left(1 - \dfrac{r}{r+R}\right)E$$

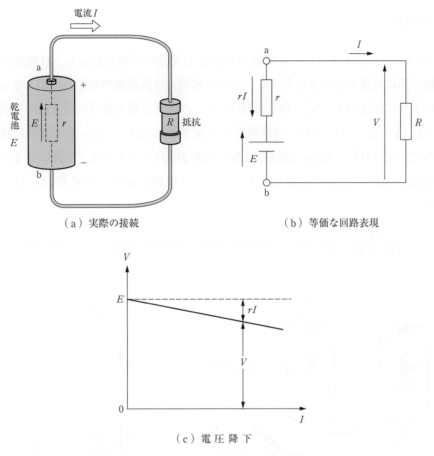

図1－27　電源の内部抵抗と電圧降下

であるから，

$$V = E - rI \quad\quad\quad\quad\quad\quad\quad\quad\quad\quad\quad\quad\quad\quad\quad\quad (1-26)$$

となる。

式（1－26）の rI を**電池の内部電圧降下**という。すなわち，電池に負荷 R を接続したときの電池の端子電圧 V [V] は，その電池の起電力 E より内部電圧降下 rI だけ低くなる。図1－27で抵抗 R を変化させながら V と I を調べると図1－27（c）のようになり，式（1－26）中の r の値を知ることができる。

2.4　電池の接続

電池や発電機などの電源の接続方法は抵抗の場合と同じく，直列接続，並列接続，直並列接続の三通り考えられるが，直並列接続は電池の場合には一般的でないため，以下，直列接続と並列接続の場合について説明する。

(1) 直列接続法

図1−28（a）に示すように，A電池の正極をB電池の負極に接続し，B電池の正極とA電池の負極の間に負荷を接続する方法で，全体の起電力は両電池の起電力の和となる。図1−28（b）のように起電力 E [V]，内部抵抗 r [Ω] の電池 n 個を直列に接続した場合には，全起電力は nE [V] となり，また，内部抵抗の合成された値は，r が n 個，直列に接続したことになるので，nr [Ω] となる。回路の負荷抵抗を R [Ω] とすれば，回路に含まれている全体の抵抗値は，$(nr+R)$ [Ω] となる。したがって，回路を流れる電流 I [A] は，次の式で求められる。

$$I = \frac{nE}{nr+R} \quad \cdots\cdots\cdots\cdots\cdots\cdots\cdots\cdots\cdots\cdots\cdots\cdots\cdots\cdots\cdots\cdots (1-27)$$

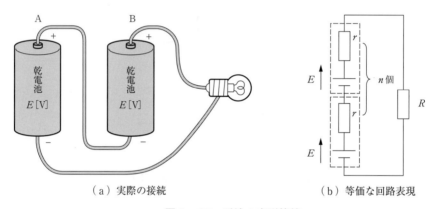

（a）実際の接続　　　　　　　　（b）等価な回路表現

図1−28　電池の直列接続

〔**例題10**〕起電力3V，内部抵抗0.2Ω の電池を3個，直列に接続し，その端子間に5.4Ω の負荷抵抗を接続したとき，回路を流れる電流及び負荷抵抗の両端子間の電圧を求めよ。

（**解**）図1−29（a）の回路を図1−29（b）のように置き換えてから計算を行う。式（1−27）より，

$$I = \frac{nE}{nr+R} = \frac{3 \times 3}{3 \times 0.2 + 5.4} = \frac{9}{6} = 1.5 \text{ A}$$

ゆえに，負荷抵抗の両端子電圧は　$V = RI = 5.4 \times 1.5 = 8.1$ V

第2節 直流回路

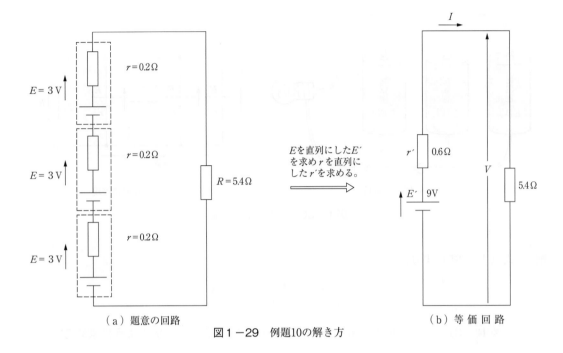

（a）題意の回路　　　　　　　　　　　　　　　（b）等価回路

図1－29　例題10の解き方

（2）並列接続法

図1－30（a）に示すように，各電池の正極は正極に，負極は負極に，それぞれ接続する方法で，電圧の値は同じであるが，電流を流しうる能力（**電流容量**という）が並列した電池の個数倍になる。並列接続の場合に特に注意すべきことは，各電池の起電力が全て等しいものを使用することである（内部抵抗も全て等しいものを使用）。各電池の起電力の大きさが異なるときは，電池回路に**循環電流**が流れ，その分だけ外部で利用できる電流容量が減少するばかりでなく，場合によっては循環電流による発熱などで，電池を破損するなどの悪影響を及ぼす。

また，図1－30（b）のように起電力E［V］，内部抵抗r［Ω］の電池をn個，並列に接続した場合には，全起電力はE［V］となり，また，内部抵抗の合成された値は，rがn個並列に接続されているから，内部抵抗はr/n［Ω］となる。回路の負荷抵抗をR［Ω］とすれば，回路に含まれている全体の抵抗値は，$(r/n + R)$［Ω］となる。負荷抵抗Rを流れる電流I［A］は，次の式で表せる。

$$I = \frac{E}{\frac{r}{n} + R} \quad {}^{(11)} \quad\quad\quad\quad\quad\quad\quad\quad\quad\quad\quad\quad\quad\quad\quad\quad (1-28)$$

〔**例題11**〕起電力3 V，内部抵抗0.4 Ω の電池を4個並列に接続し，その端子間に5.9 Ω の負荷抵抗を接続したとき，回路を流れる電流を求めよ。

---

(11) 式（1－28）は，各電池の起電力Eが等しい場合のみ。

第 1 章　直流回路

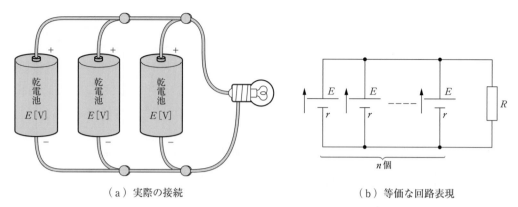

（a）実際の接続　　　　　　　　　　　（b）等価な回路表現

図 1－30　電池の並列接続

（解）　式（1－28）より，

$$I = \frac{E}{\dfrac{r}{n}+R} = \frac{3}{\dfrac{0.4}{4}+5.9} = \frac{3}{0.1+5.9} = 0.5 \text{ A}$$

又は，図 1－31（a）を同図（b）→同図（c）と置き換えて，次のように求める。

$$I = \frac{3}{0.1+5.9} = 0.5 \text{ A}$$

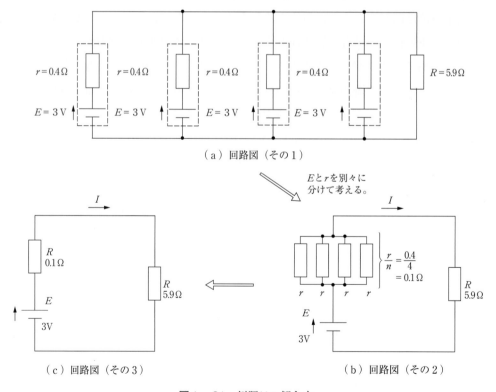

（a）回路図（その 1）

E と r を別々に分けて考える。

（c）回路図（その 3）　　　　　　　　　　（b）回路図（その 2）

図 1－31　例題11の解き方

2.5 キルヒホッフの法則

いままで学んできた比較的単純な回路は、「オームの法則」を用いて容易に解くことができた。しかし、多数の起動力や抵抗が組み合わさっている**複雑な回路**（これを**回路網**と呼ぶ）を解くには、「オームの法則」だけでは不十分で、「キルヒホッフの法則」を用いる。「キルヒホッフの法則」は、「オームの法則」から発展したもので、この法則についてよく理解すれば、複雑な回路の計算も容易にできる。

「キルヒホッフの法則」は、電流の流れ方に関する**第1法則**（又は、**電流則**（KCL：Kirchhoff's Current Law））と回路中の電源と抵抗での電圧降下に関する**第2法則**（又は、**電圧則**（KVL：Kirchhoff's Voltage Law））の二つの法則から成り立っている。

（1）キルヒホッフの第1法則

「回路網の任意の一つの**接続点**[12]（又は**節点**、**点**ともいう）に流入する電流の総和は流出する電流の総和に等しい」すなわち、電流不滅なることを説く法則である。

図1-32（a）に、この法則を適用すれば、枝分かれしている各導線（これを**枝路**又は**枝**という）を流れる電流の方向を矢印で示すと、点Oに流入する電流の和は、$I_1 + I_2$、点Oより流出する電流の和は、$I_3 + I_4$ であるから、

$$I_1 + I_2 = I_3 + I_4 \cdots\cdots\cdots\cdots\cdots\cdots\cdots\cdots\cdots\cdots\cdots\cdots (1-29)$$

となる。また、上式を次のように変形すれば、見方が変わってくる。

$$I_1 + I_2 + (-I_3) + (-I_4) = 0 \cdots\cdots\cdots\cdots\cdots\cdots\cdots\cdots (1-30)$$

すなわち、流入電流を＋と定めれば、流出電流は代数的には「負の流入電流」として扱うことができるので、この法則は「接続点に流入する電流の代数和はゼロである」と述べたものと考えてもよいことを意味している（図1-32（b））。

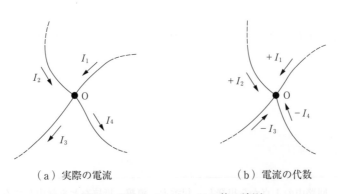

（a）実際の電流　　　　　（b）電流の代数

図1-32　キルヒホッフの第1法則

---

[12] 3本以上の枝を結んでいる点が、回路上意味のある点である。

〔**例題12**〕 図1－33の回路中のa点，b点，c点，d点の各点における電流が「キルヒホッフの第1法則」を満足している。これを確かめてみよ。

(**解**) 式（1－30）より，流入電流を＋，流出電流を－とすれば，

a点においては　　$-5 + 2.9 + 2.1 = 0$
b点においては　　$+3 - 2.9 - 0.1 = 0$
c点においては　　$+0.1 + 0.9 - 1 = 0$
d点においては　　$+3 - 2.1 - 0.9 = 0$

が成立しており，「キルヒホッフの第1法則」に従っていることが分かる。

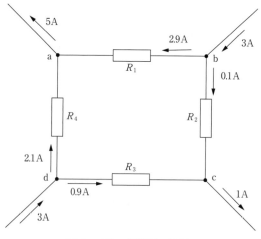

図1－33　例題12の回路

（2）キルヒホッフの第2法則

「回路網中の任意の**閉回路**[13]において，その回路中に含まれている起電力の代数的総和と，その閉回路網中で生ずる電圧降下[14]の代数的総和とは互いに等しい。ただし，閉回路をたどる向きは任意に決め，その向きと同じ方向の起電力は正（＋），同じ方向に流れる電流による電圧降下も正（＋）とし，反対の向きの起電力及び電流による電圧降下は負（－）とする」という内容の法則である。

図1－34（a）のような簡単な回路について考える。

ここでは，起電力はEのみであって，A点が＋極，D点が－極である。この場合，起電力の向きは，D点からA点に向かう電流を流そうとしている作用を矢印に託して表現する。一方，抵抗Rは，その両端に電流を抑える向きの電圧が生じ，電圧降下$V_R = RI$をもたらす。以上の考え方が図1－34（b）に示されている。したがって，「キルヒホッフの第2法則」を用いると，

$$E = V_R = RI \quad \cdots\cdots\cdots\cdots\cdots\cdots\cdots\cdots\cdots\cdots\cdots\cdots\cdots\cdots\cdots\cdots （1-31）$$

となる。

---

[13]　閉回路とは，回路中の1点から出発し，起電力，導線，抵抗などを経由してもとの出発点に戻れる回路をいう。
[14]　「本節2.3（1）」（31ページ）で述べたように，電圧降下は電圧といってもよい。

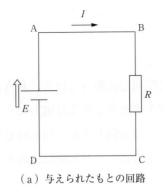
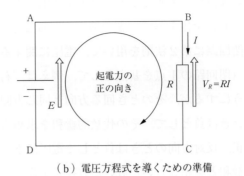

（a）与えられたもとの回路　　　　（b）電圧方程式を導くための準備

図1－34　キルヒホッフの第2法則の適用法

次に，図1－35のように複雑な回路網中の一つの閉回路について考えてみる。

この回路中には起電力が二つ入っており（E_A，E_B），また各枝の抵抗をR_1，R_2，R_3，R_4とし，その各抵抗を流れる電流が，矢印の方向にI_1，I_2，I_3，I_4と仮定してある。

図中には起電力と電圧降下の向きを矢印で示してある。このように準備して，右回りを正方向にとって「キルヒホッフの第2法則」を適用すると，次の式を得る。

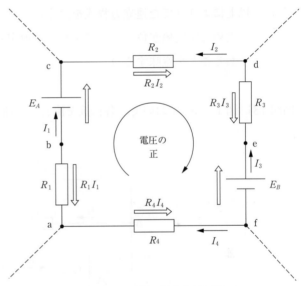

図1－35　電流の仮定と電圧降下

$$R_1 I_1 - R_2 I_2 - R_3 I_3 + R_4 I_4 = E_A - E_B \quad \cdots\cdots（1-32）$$

図1－34から式（1－32）を導き出したが，式中の各項の符号は間違いやすい。その原因は「各枝中の電流の向きが，閉回路の正の向きと異なることがある」からである。起電力は，そこを流れる電流の向きとは無関係であるのに対して，電圧降下は，抵抗を流れる電流の向きとは，常に逆の向きに現れるからである。

（3）キルヒホッフの法則の適用順序

回路網の計算に，「キルヒホッフの法則」を用いる場合は，次の順序に従えばよい。

（1）電流の方向が決まっていない場合，電流の方向を仮定する。
　　　（複雑な回路においては，電流の流れる方向が判然としないことがある。このような場合は，任意の方向に電流の向きを仮定する。）

（2） 各節点に「キルヒホッフの第1法則」を適用し，電流に関する式を立てる。
  （回路全体をみて n 個の節点があるときは，$(n-1)$ 個の節点に対して式を立てる。）
（3） 閉回路に第2法則を用いて，電圧に関する式を立てる。
  （閉回路の1点を基点として，例えば，右回りに閉回路に沿って回り，基点に戻るようにするが，そのとき回る方向と同じ方向に電流を流そうとする起電力なら正，逆のときは負として，その代数的総和を求める。次に回る方向と電流方向が同じであれば正，反対方向のときは負として電圧降下の代数和を求め，これと前に求めた起電力の総和とを相等しいと置いた方程式を作る。）
（4） 未知数の数だけ方程式を作る。
  （未知数が n 個の場合，方程式が n 個あれば解を求めることができる。）
（5） 以上により立てた連立方程式を解く。
  （求めた電流値が負（−）であれば，仮定した電流の方向と実際の電流の方向が反対であることを意味する。）

〔**例題13**〕 図1−36において，各抵抗を流れる電流を求めよ。

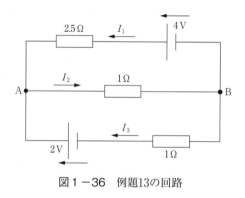

図1−36 例題13の回路

(**解**) 各抵抗を流れる電流をそれぞれ I_1，I_2，I_3 と定め，点線の矢印の方向に流れるものと仮定し，各節点において第1法則を利用する。

$\quad$ A点においては $\quad I_1 - I_2 + I_3 = 0$ ……………………………………………(1)
$\quad$ B点においては $\quad -I_1 + I_2 - I_3 = 0$ ……………………………………………(2)

閉回路は3個が考えられ，その各々に第2法則を立てると，

$\quad -4 = -2.5I_1 - I_2$ …………………………………………………………………(3)
$\quad 2 = I_2 + I_3$ ……………………………………………………………………………(4)
$\quad -4 + 2 = -2.5I_1 + I_3$ ……………………………………………………………(5)

前述の手順(2)を考えると，$n=2$ であるから $n-1=1$ となり，電流に関する式は式(1)，式(2)のどちらか一つだけを利用すればよいことになる。また，未知数は三つであるから，方

程式は三つ立てればよいので，電圧に関する式(3)，式(4)，式(5)のうち二つを利用すればよいことになる。

したがって，計算上で有効な方程式の一つの組み合わせは，次のようになる。

$$I_1 - I_2 + I_3 = 0 \quad \cdots\cdots(1)$$
$$-4 = -2.5I_1 - I_2 \quad \cdots\cdots(3) \quad \Big\} ①$$
$$2 = I_2 + I_3 \quad \cdots\cdots(4)$$

①の連立方程式を解いてみる。

式(4)より，
$$I_2 = 2 - I_3 \quad \cdots\cdots(6)$$

式(6)を式(3)に代入すれば，
$$4 = 2.5I_1 + 2 - I_3$$
$$2 = 2.5I_1 - I_3 \quad \cdots\cdots(7)$$

また，式(1)，式(4)から I_2 を消去すると，
$$2 = I_1 + 2I_3 \quad \cdots\cdots(8)$$

式(8)より，
$$I_1 = 2 - 2I_3 \quad \cdots\cdots(9)$$

式(9)を式(7)に代入すると，
$$2 = 5 - 6I_3$$
$$\therefore I_3 = 0.5 \text{ A}$$

その I_3 の答えを式(9)に代入すれば，
$$I_1 = 1 \text{ A}$$

I_1，I_3 の答えを式(1)に代入すれば，
$$I_2 = 1.5 \text{ A}$$

答え $\begin{cases} I_1 = 1 \text{ A} \\ I_2 = 1.5 \text{ A} \\ I_3 = 0.5 \text{ A} \end{cases}$

ここで各電流の記号は，いずれも正（＋）であるから，仮定した電流の向きは，I_1，I_2，I_3 ともに矢印方向に流れることを示している。

同じ方法で方程式の組み合わせを求めると，

$$\left.\begin{matrix}(1)\\(4)\\(5)\end{matrix}\right\}② \quad \left.\begin{matrix}(1)\\(3)\\(5)\end{matrix}\right\}③ \quad \left.\begin{matrix}(2)\\(3)\\(4)\end{matrix}\right\}④ \quad \left.\begin{matrix}(2)\\(4)\\(5)\end{matrix}\right\}⑤ \quad \left.\begin{matrix}(2)\\(3)\\(5)\end{matrix}\right\}⑥$$

を得る。どの組み合わせでも同じ答えが求められる（実際には，①と④，②と⑤，③と⑥式は同じものである）。

第1章　直流回路

(別解)　連立方程式②の組み合わせから，行列式により I_1, I_2, I_3 を求める。

$$I_1 - I_2 + I_3 = 0 \cdots\cdots(1)$$
$$2 = I_2 + I_3 \cdots\cdots(4)$$
$$-4 + 2 = -2.5I_1 + I_3 \cdots\cdots(5)$$

②の連立方程式の式(1)より，

$$I_2 = I_1 + I_3 \cdots\cdots(10)$$

式(10)を式(4)に代入すれば，

$$2 = (I_1 + I_3) + I_3$$
$$2 = I_1 + 2I_3$$
$$I_1 + 2I_3 = 2 \cdots\cdots(11)$$

式(5)より，

$$-2.5I_1 + I_3 = -2 \cdots\cdots(12)$$

式(11)，式(12)より I_1, I_3 を求めると，

$$I_1 = \frac{\begin{vmatrix} 2 & 2 \\ -2 & 1 \end{vmatrix}}{\begin{vmatrix} 1 & 2 \\ -2.5 & 1 \end{vmatrix}} = \frac{2 \times 1 - (-2) \times 2}{1 \times 1 - (-2.5) \times 2} = \frac{2+4}{1+5} = \frac{6}{6} = 1 \text{ A}$$

$$I_3 = \frac{\begin{vmatrix} 1 & 2 \\ -2.5 & -2 \end{vmatrix}}{\begin{vmatrix} 1 & 2 \\ -2.5 & 1 \end{vmatrix}} = \frac{1 \times (-2) - (-2.5) \times 2}{1 \times 1 - (-2.5) \times 2} = \frac{-2+5}{1+5} = \frac{3}{6} = 0.5 \text{ A}$$

$$I_2 = I_1 + I_3 = 1 + 0.5 = 1.5 \text{ A}$$

答え $\begin{cases} I_1 = 1 \text{ A} \\ I_2 = 1.5 \text{ A} \\ I_3 = 0.5 \text{ A} \end{cases}$

2.6　重ね合わせの理

電源を複数個もつ線型回路[15]において，各枝路の電源を求めるときは，次の考え方が役立つ。
① 各電源は互いに干渉せず，独立に動作すると考える。
② 電源が1個の場合の回路計算は，これまでの知識に従って求める。
③ 全部の電源がいっせいに動作しているときの各枝路の電流は，各電源が1個ずつ動作

---

[15] R, L, C のみから構成される電気回路のこと。

しているとき（他電源は動作停止の扱いをする）の電流を合成して求められる。この考え方は"（電流に関する）**重ね合わせの理**"と呼ばれる。

以上の計算法を，次の例題を通して確かめてみよう。

〔**例題 14**〕 図 1 – 37 において，各抵抗を流れる電流を求めよ。

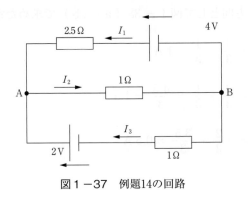

図 1 – 37　例題 14 の回路

（**解**）　図 1 – 38 のように，電源一つだけの回路に分解し，それぞれの回路で電圧，電流を求める。

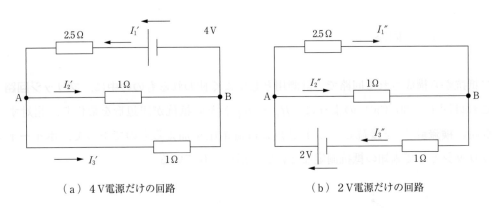

（a）4V 電源だけの回路　　　　　（b）2V 電源だけの回路

図 1 – 38　電源ごとの回路

（a）において電流 I_1'，I_2'，I_3' を求めると，

$$I_1' = \frac{4}{2.5 + \dfrac{1 \times 1}{1 + 1}} = \frac{4}{3} \text{ A}$$

$$I_2' = I_1' \times \frac{1}{1 + 1} = \frac{2}{3} \text{ A}$$

$$I_3' = I_1' \times \frac{1}{1 + 1} = \frac{2}{3} \text{ A}$$

次に（b）において電流 I_1''，I_2''，I_3'' を求めると，

$$I_3'' = \cfrac{2}{1+\cfrac{1\times 2.5}{1+2.5}} = \frac{3.5}{3}\,\text{A}$$

$$I_1'' = I_3'' \times \frac{1}{1+2.5} = \frac{1}{3}\,\text{A}$$

$$I_2'' = I_3'' \times \frac{2.5}{1+2.5} = \frac{2.5}{3}\,\text{A}$$

図1－37の方向を正方向として図1－38（a）（b）で求めた電流を重ね合わせると，

$$I_1 = I_1' - I_1'' = \frac{4}{3} - \frac{1}{3} = 1\,\text{A}$$

$$I_2 = I_2' - I_2'' = \frac{2}{3} + \frac{1}{3} = \frac{4.5}{3} = 1.5\,\text{A}$$

$$I_3 = I_3' - I_3'' = -\frac{2}{3} + \frac{3.5}{3} = 0.5\,\text{A}$$

答え $\begin{cases} I_1 = 1\,\text{A} \\ I_2 = 1.5\,\text{A} \\ I_3 = 0.5\,\text{A} \end{cases}$

2.7 ブリッジ回路

主に抵抗から構成される回路で，計測用としてよく使われるものの中に，**ブリッジ回路**がある。これは図1－39（a）のように，$R_1 \sim R_4$ 各々の抵抗が四辺形を形作り，相対するc，d 2点間に**検流計**[16]を接続し，a，b 2点に直流電圧を加えるものであって，**ホイートストン・ブリッジ**として未知の抵抗測定などに広く用いられている。

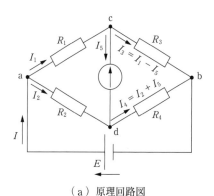

（a）原理回路図　　　　　（b）携帯用ホイートストン・ブリッジ（2755）

図1－39　ホイートストン・ブリッジ

出所：（b）横河メータ&インスツルメンツ（株）

---

(16) 検流計は，電流を高感度で検出するための計器である。

いま，R_1，R_2，R_3，R_4 の大きさを適当に加減する（四つ全部を加減せず，その中の特定の抵抗値を変化させてもよい）と検流計の振れを $0(I_5=0)$ A に調整することができる。このとき c，d 間の電位は同電位になる。このような状態を「**ブリッジ回路は平衡した**」と呼んでいる。

この場合，各抵抗中の電流の関係は，

$$I_1 = I_3,\ I_2 = I_4$$

また，c 点と d 点は同電位であるので，

$$R_1 I_1 = R_2 I_2,\ R_3 I_3 = R_4 I_4$$

が成り立つ。したがって，

$$\frac{R_1}{R_2} = \frac{I_2}{I_1} = \frac{I_4}{I_3} = \frac{R_3}{R_4}$$

すなわち，次の関係式が得られる。

$$\frac{R_1}{R_2} = \frac{R_3}{R_4},\ \text{又は}\ R_1 R_4 = R_2 R_3 \quad\cdots\cdots\cdots\cdots\cdots\cdots\cdots\cdots\cdots\cdots (1-33)$$

上式をホイートストン・ブリッジの**平衡条件式**という。

〔例題 15〕 図 1-40 の回路において，AB 間の抵抗の大きさを求めよ。

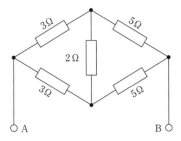

図 1-40 平衡したブリッジ

(**解**) このブリッジは平衡していることが簡単に分かる。したがって，回路中の 2Ω の抵抗の端子電圧は現れず，また電流が流れないので，その抵抗は短絡，又は開放の状態のどちらで考えてもよい。よって，図 1-41（a），又は（b）のような等価回路に書き換えられる。
　回路は前に学んだ抵抗の直並列回路であるから，その計算法を適用すると，合成抵抗 R は，

（a）に対して　$R = \dfrac{3}{2} + \dfrac{5}{2} = 4\,\Omega$

（b）に対して　$R = \dfrac{1}{\dfrac{1}{8}+\dfrac{1}{8}} = \dfrac{8}{2} = 4\,\Omega$

このようにもとの回路は，(a)，(b)のいずれの回路と見なしても等価であり，合成抵抗は4Ωである。

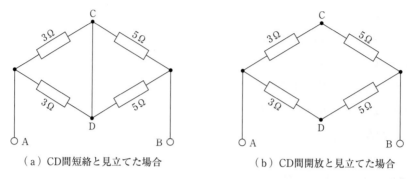

(a) CD間短絡と見立てた場合　　　　(b) CD間開放と見立てた場合

図1－41　平衡したブリッジの等価回路2種

第3節　電気抵抗の性質

3.1　抵抗率と導電率

　自由電子が物質中を移動するときは，熱運動している原子との衝突などによって電子の流れが抵抗を受けるが，これが電気抵抗となって現れる。この電気抵抗は物質のもっている自由電子の数などによって異なった値になるが，圧延処理[17]などによっても変化する。
　物質の抵抗を比較するために，**抵抗率**という物理量を用いる。
　図1－42に示すように，断面の面積が1m^{2}で，長さが1mの円柱の対立面間の電気抵抗の値をその導体の**抵抗率**といい，量記号にρ [18]，単位には**オームメートル**（ohm meter，単位記号［Ω·m］）を用いる。「導体における電気抵抗は，導体の長さに比例し，その断面積に反比例する」ことが知られている。
　いま，導体の抵抗率をρ ［Ω·m］，導体の長さをl ［m］導体の断面積をS ［m^2］とすれば，導体の抵抗R ［Ω］は，

$$R = \rho \frac{l}{S} \quad\cdots\cdots\cdots\cdots\cdots\cdots\cdots\cdots\cdots\cdots\cdots\cdots\cdots\cdots\cdots\cdots\cdots\cdots\cdots (1-34)$$

で表される。
　表1－2は，代表的な金属の抵抗率を表したものである。その中で銅（**国際標準軟銅**[19]）の抵抗率は，20℃では，1.7241×10^{-8} Ω·mである。

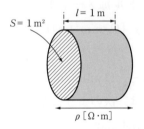

図1－42　導体の抵抗率

---

(17)　圧延処理は，連続的な力を加えて金属を伸ばし，板，棒状に加工する加工法の一種である。
(18)　ρはギリシャ文字で，ローと読む。
(19)　国際標準軟銅とは，純度99.8％，20℃おける比重8.89のものをいう。

表1-2　金属導体の抵抗率及び温度係数（室温程度の概数）

材料	$\rho\,[\Omega\cdot\mathrm{m}]\times 10^{-8}$	抵抗の温度係数 $1/℃$
銀	1.60	0.003 8
銅	1.72	0.003 93
銅（国際標準軟銅）	1.724 1	0.003 93
アルミニウム	2.82	0.003 9
タングステン	5.48	0.004 5
亜鉛	6.1	0.003 7
ニッケル	6.9	0.006
鉄	10.0	0.005 0
白金	10.5	0.003
水銀	95.8	0.000 89
マンガニン	34～100	0.01×10^{-3}
ニクロム	100～110	0.03×10^{-3}

抵抗率 $\rho\,[\Omega\cdot\mathrm{m}]$ を単位 $[\Omega\cdot\mathrm{cm}]$ で表すには，この表の数値を100倍すればよい。

　また，電気の配線などで使用されている電線などのように，細長い導体について抵抗率を考える場合には，図1-43に示すように長さ1m，断面積1mm^2 の抵抗率で表したほうが便利である。この形状での抵抗率 ρ の単位はオーム平方ミリメートル毎メートル（ohm square millimeter per，単位記号 $[\Omega\cdot\mathrm{mm}^2/\mathrm{m}]$）で表される。

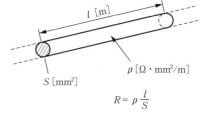

図1-43　導線の抵抗

　軟銅線の場合は，$1.7241\times 10^{-2}\fallingdotseq\dfrac{1}{58}\ \Omega\cdot\mathrm{mm}^2/\mathrm{m}$ となる。
$[\Omega\cdot\mathrm{m}]$ と $[\Omega\cdot\mathrm{mm}^2/\mathrm{m}]$ との関係は，次のようになる。

$$[\Omega\cdot\mathrm{m}] = \left[\Omega\cdot\frac{\mathrm{m}^2}{\mathrm{m}}\right] = \Omega\cdot\frac{10^6\mathrm{mm}^2}{\mathrm{m}} = 10^6\,\Omega\cdot\mathrm{mm}^2/\mathrm{m}$$

〔例題16〕長さ30m，断面積1cm^2 の軟銅線の抵抗値を求めよ（抵抗率は表1-2を参照）。

（解） 表1-2より ρ を求め，式（1-34）に代入する。

$$R = \rho\frac{l}{S} = 1.724\times 10^{-8}\times\frac{30}{1\times 10^{-4}} = 5.172\times 10^{-3}\,\Omega$$

　一般に導体は電流を流す目的で使用されるので，抵抗率で表すよりも，電流の通りやすさを

表す導電率を用いたほうが便利な場合がある（表1-3参照）。

抵抗率 ρ の逆数を**導電率**といい，量記号は σ [20]，単位はジーメンス毎メートル（siemene per meter，単位記号〔S/m〕）を用いる。

いま，導電率を σ とすれば，

$$\sigma = \frac{1}{\rho} \text{ [S/m]} \quad \cdots\cdots\cdots (1-35)$$

となる。

また，電線などの電流の通しやすさを表す方法として，ある導体の導電率 σ と国際標準軟銅の導電率 σ_S の比をパーセントで表すことがある。これを**パーセント導電率**という。表1-3は代表的な金属導体のパーセント導電率を表したものである。

表1-3 金属導体のパーセント導電率

金属名	パーセント導電率 $\frac{\sigma}{\sigma_s} \times 100$（20℃）
銀	106
銅(国際標準軟銅)	100
金	71.6
アルミニウム	61.0
タングステン	31.4
亜鉛	28.2
ニッケル	24.9
カドミウム	22.9
鉄	17.2
白金	16.4
すず	15.1
鉛	7.9
水銀	1.8

3.2 温度による抵抗変化

一般に，物質の電気抵抗は，温度によって変化する。

その変化の割合は物質によって異なるが，一般に金属は温度が上がると抵抗は増加するのに対し，炭素，電解液，絶縁体などは温度が上がると反対に抵抗値は減少する。

導電材料としてよく使用されている金属導体の抵抗値は，0℃から200℃程度の温度範囲で

---

[20] σ はギリシャ文字で，シグマと読む。

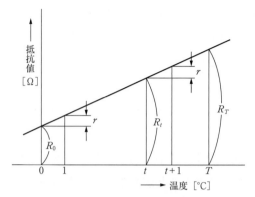

図1−44 温度による抵抗値の変化

は，図1−44に示すように温度とともにほぼ直線的に増加する。これは，物質を構成している原子の振動が，温度の上昇に伴い，より活発になり電子の動きを妨げるためである。

ある導体の0℃のときの抵抗を R_0 [Ω]，導体の温度が1℃上昇したとき増加した抵抗を r [Ω] とすれば，このとき抵抗の増加した割合 α_0 は，

$$\left.\begin{aligned}\alpha_0 &= \frac{r}{R_0} \\ r &= \alpha_0 R_0\end{aligned}\right\} \quad \cdots\cdots\cdots\cdots\cdots\cdots\cdots\cdots\cdots\cdots\cdots\cdots\cdots (1-36)$$

α_0 は0℃における抵抗の**温度係数**という。いま，t [℃] における抵抗を R_t [Ω] とすれば，

$$\begin{aligned}R_t &= R_0 + rt = R_0 + R_0\alpha_0 t \\ &= R_0(1 + \alpha_0 t)\end{aligned} \quad \cdots\cdots\cdots\cdots\cdots\cdots\cdots (1-37)$$

となる。

導体の0℃における抵抗 R_0 [Ω] を測定するのは不便なので，室温 t [℃] のときの抵抗を R_t [Ω]，温度が上昇して T [℃] になったときの抵抗が R_T [Ω] とすれば，1℃の温度上昇に対する抵抗の増加分 r は，

$$r = \frac{R_T - R_t}{T - t}$$

となる。

したがって，t [℃] における抵抗の温度係数 α_t は，

$$\alpha_t = \frac{r}{R_t} = \frac{\dfrac{R_T - R_t}{T - t}}{R_t} \quad \cdots\cdots\cdots\cdots\cdots\cdots\cdots\cdots\cdots\cdots (1-38)$$

である。

t [℃] のとき，抵抗 R_t [Ω] の導体が，T [℃] になったときの抵抗 R_T [Ω] は式（1−38）より，次のようになる。

$$\begin{aligned}R_T &= R_t + \alpha_t R_t(T-t) \\ &= R_t\{1 + \alpha_t(T-t)\}\end{aligned} \quad \cdots\cdots\cdots\cdots\cdots\cdots (1-39)$$

〔例題17〕 20℃における抵抗値が50Ωである軟銅線は，75℃では何オームとなるか。ただし，20℃における軟銅線の温度係数 $\alpha_{20} = 0.0039$ とする。

(解) 　　　$R_{75} = R_{20}\{1 + \alpha_{20}(75 - 20)\}$
　　　　　　　　$= 50\{1 + 0.0039 \times (75 - 20)\} = 50 \times 1.2145$
　　　　　　　　$= 60.725 \, \Omega$

　一般に金属（銀，銅，アルミニウム，ニッケル，鉄など）のように，温度が上昇するとともに抵抗値が増加するものは，温度係数は正（＋）となり，反対に炭素，電解液，絶縁体のように抵抗値が減少するものは温度係数は負（－）である。

　なお，一部の金属（ニオブ，鉛，すずなど）やその合金は，絶対0度（－273.15℃）の付近で抵抗が 0Ω となるものがある。これは，**超電導材料**と呼ばれており，超電導送電ケーブル，超電導変圧器，超電導エネルギー貯蔵，磁気浮上列車など，開発が盛んに行われ，既に実用化されているものもある。

3.3　絶 縁 抵 抗

　電気の絶縁体としては，セラミック（磁器），ゴム，ガラス，合成樹脂などが使用されている。しかし絶縁体といっても，絶対に電気を通さないというものではなく，ごくわずかであるが電流は流れる。このとき流れる電流のことを**漏れ電流**と呼んでいる。いま，電圧 V [V] を加えたとき漏れ電流が I [A] とすれば，このときの絶縁体の抵抗 R [Ω] は，

$$R = \frac{V}{I}$$

となる。この R を**絶縁抵抗**[21]といい，その抵抗の値が非常に大きいので，単位には**メガオーム** [MΩ] を使用する。

　前にも述べたように，一般に絶縁体は，温度が上昇すると絶縁抵抗は減少し，湿度によっても影響を受ける。

3.4　接 触 抵 抗

　アイロンや電熱器のニクロム線と，コードの接触点や蛍光灯のベースとソケットとの接触点，スイッチの接点などに電流が流れると，その部分において，かなりの大きさの電圧降下や

---

(21) 電気装置の絶縁抵抗は，測定時に加えるべき電圧を発生する絶縁抵抗計（メガーとも呼ばれる）で測る。新品の電気装置の絶縁抵抗は数百～数千 [MΩ] と大きい。

過熱が起きる場合がある。このような現象は，二つの導体が接触している部分に抵抗があるために起こる。この抵抗は，接触によって生ずる抵抗であるため**接触抵抗**と呼んでいる。一般に接触抵抗は，接触する**導体の種類**，**接触面積**，**接触圧力**，**清浄**さなどによって異なる。スイッチの接触抵抗の単位は，ミリオーム（milli ohm, 単位記号［mΩ］）程度と考えておいてよい。

3.5 接地抵抗

私たちの住んでいる地球全体は一種の導体で，その電位を零電位として基準にしている。そして導体で大地に接続することを**接地**するといい，洗濯機や電気機器などの外枠などは，接地することによって人が触れても感電しないようにしてある。また，**避雷針**を設備するときは，必ず接地しなければならない。このとき，接地板（銅板，又は接地棒（銅棒））を用いるが，これらの接地板や，接地棒と大地との間に生じる抵抗のことを**接地抵抗**という。接地抵抗は，湿気の多い場所ほど小さくなる。

接地を必要とする電気設備とその抵抗値については，「電気設備に関する技術基準を定める省令」と「電気設備の技術基準の解釈」に定められており，これに合うような接地工事をしなければならない。

なお，電子回路でいう接地（又はアース）は，以上の場合とやや異なり，その回路の一部を収納箱（ケース）と同電位にすることを意味することが多いので注意する必要がある。

図1－45に接地端子の種類を示す。

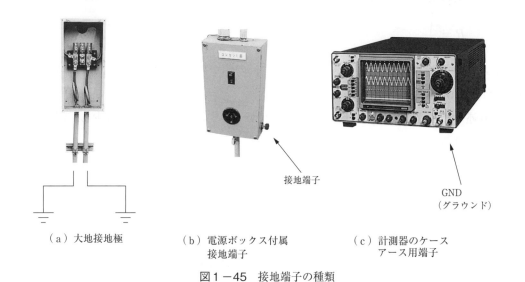

（a）大地接地極　　（b）電源ボックス付属接地端子　　（c）計測器のケースアース用端子

図1－45　接地端子の種類

第4節　電力と電力量

4.1　電　　力

　蛍光灯や電熱器，モータなどに電圧を加え電流が流れると，電気エネルギーが光や熱，あるいは機械的エネルギーに変換され，それぞれの用途に応じた仕事をする。
　電流が流れて1秒間にする仕事の量，すなわち仕事の割合を**電力**といい，電力を表す量記号に P，単位に**ワット**（watt，単位記号［W］）を用いる。
　直流の場合，電力は電圧と電流の積で表される。したがって，ある電気回路において電圧 V［V］が加わり，電流が I［A］流れていれば，そのときの電力 P［W］は次のようになる。

$$P = VI = RI^2 = \frac{V^2}{R} \quad\cdots\cdots\cdots\cdots\cdots\cdots\cdots\cdots\cdots\cdots\cdots\cdots\cdots (1-40)$$

　ここで，R はその回路の等価抵抗［Ω］である。
　大きな電力を表す場合には**キロワット**（kilo watt，単位記号［kW］）や，**メガワット**（mega watt，単位記号［MW］）が用いられ，また，小さな電力を表す場合には，**ミリワット**（milli watt，単位記号［mW］）や，**マイクロワット**（micro watt，単位記号［μW］）などの単位を用いる。 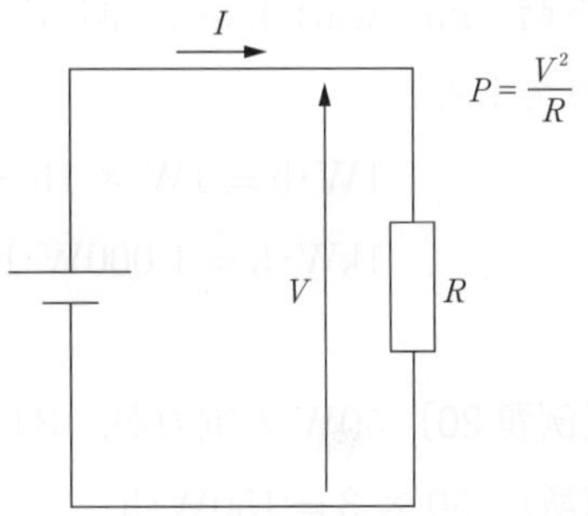
　図1-46において，抵抗 R に電圧 V［V］を加えたとき，その回路で消費される電力 P［W］は，式（1-40）より，

$$P = \frac{V^2}{R}$$

図1-46　電　　力

で表される。
　このことは電源（電池 E）側からみれば，P［W］の電力を供給したといい，負荷側においては，P［W］の電力を消費した，又は P［W］の仕事が行われたという。

［例題18］電熱器に100Vの電圧を加えると，5Aの電流が流れた。電熱器の電力はいくらか。
（**解**）　式（1-40）より，

　　　　　$P = VI = 100 \times 5 = 500$ W

〔例題19〕 200Vの電圧を，50Ωの抵抗に加えたときの電力を求めよ。

（解） 式（1－40）より，

$$P = \frac{V^2}{R} = \frac{200^2}{50} = 800 \text{ W}$$

4.2 電力量

一定の電力で，ある時間内に行われる仕事の総量を，その時間内に供給された**電力量**といい，電力量を表す量記号に W，単位にワット秒（単位記号［W·s］）又はジュール（joule，単位記号［J］）を用いる。

電力量＝電力×時間

いま電力を P［W］，時間を t［s］とすると，電力量 W は次のようになる。

$$W = Pt \text{［W·s］} = Pt \text{［J］} \quad \cdots\cdots\cdots\cdots\cdots\cdots\cdots\cdots\cdots\cdots\cdots （1-41）$$

そのほか大きい電力量を表す場合には，**ワット時**（watt hour，単位記号［W·h］），**キロワット時**（kilo watt hour，単位記号［kW·h］）が用いられる。これらの単位の関係は，次のとおりである。

　　　　1W·h＝1W×1h＝1W×3 600s＝3 600W·s
　　　　1kW·h＝1 000W·h

〔例題20〕 50Wの電力が，3時間連続で使用されたときの電力量を求めよ。

（解）　50×3＝150W·h

第5節　電流の作用

5.1　電流の熱作用

　抵抗 R [Ω] の負荷に直流電流 I [A] が流れたとすれば，そのときの抵抗が消費する電力は，式（1 − 40）より，$P = RI^2$ となり，また，このとき t 秒間だけ電気を使用した場合は，消費電力量 W [W·s] は式（1 − 41）により，
$$W = Pt = RI^2 t$$
となる。

　ジュール[22]は，そのときの抵抗中で消費される電気エネルギーが，全部熱エネルギーに代えられることを実験で証明した。これを「**ジュールの法則**」と呼び，発生した熱を**ジュール熱**という。ジュール熱を表す量記号に H 又は Q を用いることが多く，単位にジュール（joule，単位記号 [J]）を用いる[23]。

　なお，1 W·s の電力量は，1 J の熱量に数値的に等しく，
$$1\,\text{W·s} = 1\,\text{J}$$
である。

　抵抗 R [Ω] に電圧 V [V] を加えたとき，流れた電流が I [A] とすれば，t 秒間に抵抗 R [Ω] で消費された電力量 W [W·s] は，
$$W = VIt$$
で表す。したがって，そのときの発生した熱量 H [J] は，
$$H = W \quad \cdots\cdots\cdots\cdots\cdots\cdots\cdots\cdots\cdots\cdots\cdots\cdots\cdots\cdots\cdots (1-42)$$
が成り立つことになる。

　抵抗 R [Ω] によって発生した熱量 H [J] を全て，m [kg] の水に伝えられるものとして，水の温度を T_1 [℃] から T_2 [℃] まで上昇させたとすると，これらには次の関係がある。
$$H = 4.2 m (T_2 - T_1) \times 10^3 \quad \cdots\cdots\cdots\cdots\cdots\cdots\cdots\cdots (1-43)$$
また，抵抗 R [Ω] で消費された電力量 W [kW·h] と，これらとの関係は，
$$1\,\text{W·s} = 1\,\text{J}$$

---

(22)　ジュール：イギリスの物理学者で，電流による発熱量を研究し，1840 年に「ジュールの法則」を発表した。

(23)　従来，熱量の単位にはカロリー（calorie，単位記号 [cal]）を用いた。1 cal の熱量は，1 気圧の下において 0.001 kg の水を 1 ℃温度を上げるために必要な熱量である。実験の結果，4.2 J の熱量は 1 cal（正しくは，4.186 05 J = 1 cal）に相当する。

$1\,\text{W}\cdot\text{h} = 3\,600\,\text{W}\cdot\text{s}$

$1\,\text{kW}\cdot\text{h} = 1\,000\,\text{W}\cdot\text{h}$

の関係から,次のようになる。

$$W = \frac{m(T_2 - T_1)}{860}$$

〔例題21〕500Wの電熱器を30分使用したときに発生する熱量はいくらか。

(解) 式(1 − 41)より,

$W = Pt = 500 \times (30 \times 60)$

$= 900\,000\,\text{J} = 900\,\text{kJ}$

〔例題22〕500Wの電熱器で1ℓの水を20℃から70℃まで温めるには何分かかるか。発生した熱量は全部水に伝えられているものとする。

(解) 500Wの電熱器で水の温度を70℃まで温めるのに要する時間をt〔s〕とすると,消費電力量W〔W·s〕は,

$W = Pt = 500 \times t$

発生した熱量は,全部水に伝えられているので,水に与えられる熱量H〔J〕は,

$H = W = 500 \times t$

したがって,式(1 − 43)より,

$500 \times t = 4.2 m(T_2 - T_1) \times 10^3$

$500 \times t = 4.2 \times 1 \times (70 - 20) \times 10^3$

$t = 420\,\text{s}$

$t = 420/60 = 7\,$分

7分かかることになる。

5.2 温度と許容電流

電線に電流I〔A〕を流すと,電線中の抵抗R〔Ω〕によってt秒間にRI^2t〔J〕のジュール熱が発生し,電線の温度が上昇する。また,電線の温度が周りの外気温より高いときは,電線の表面から電線と外気の温度差に応じた熱量が発散される。電線の発生する熱量と放散する熱量が等しくなれば,電線の温度上昇は止まる。これは,この状態で電線の達する最高温度である。

電線にあまり大きな電流を流すと温度が高くなり過ぎて,絶縁体被覆を変質させて絶縁劣化を起こさせたり,場合によっては導体を溶断させたりする。電線などに流しうる電流の大きさ

は，絶縁体の種類によって制限される場合が多く，絶縁体に許せる最高温度で電流の大きさが決まる。このような，**最高許容温度以内**[24]で安全に流すことのできる最大電流をその電線の**許容電流**という。

規定以上の過大な電流が，何らかの原因で回路に流れた場合に，回路を速やかに遮断し，保護する装置が「**遮断器**」である。これにはヒューズ，配線用遮断器などがある。図1－47に過電流遮断器の例を示す。

（a）ガラス管入ヒューズ
出所：富士端子工業（株）

（b）つめ付きヒューズ

（c）筒形ヒューズ（刃形）
出所：(b)(c) スターヒューズ（株）

（d）配線用遮断器

（e）漏電遮断器

出所：(d)(e) パナソニック（株）エコソリューソンズ社

図1－47　過電流遮断器の例

ヒューズは，低融点合金を糸状，又は板状にしたもので，抵抗 R [Ω] と通電電流 I [A] と時間 t [s] から消費されるジュール損 RI^2t [J] が材料を融点以上に過熱し，溶断するものである。ヒューズの形式を大別すると，非包装ヒューズ（板ヒューズ，つめ付きヒューズ）と包装ヒューズ（筒形ヒューズ，プラグヒューズ）との2種類に分けられるが，低圧に使用されるものは，次の特性をもつものでなければならない。

① 定格電流の1.1倍の電流に耐えること。
② 定格電流の区分に応じ，定格電流の1.6倍及び2倍の電流を通じた場合において，規定

---

[24] 実際に使用されている電線の**最高許容温度**（連続的に使用する場合）は，銅線，アルミニウム線などの裸線では90℃，ビニル絶縁電線（600V），ゴム絶縁電線は60℃程度である。また，一般に使用されている電線の**許容電流**は，周囲の温度の標準を30℃として定めている。

時間内[25]に溶断すること。

配線用遮断器（MCCB）は，二次側の回路に異常な電流（過負荷，短絡など）が流れたときに回路を開放する。その構造は開閉機構，引外し装置などを絶縁物の容器内に一体に組み立てたもので，正常な状態の電路を手動又は電気操作によって開閉することができる。また，過電流や短絡などのときには，引外し機構により自動的に回路を遮断する。

配線用遮断器の引外し方式は，動作原理により熱動式，電磁式，熱動電磁式に分けられる。

配線用遮断器は，遮断動作後も繰り返し使用ができるので，メンテナンスの点で優れている。また，小形なので配電盤や制御盤を小形化できる。

なお，「電気設備の技術基準の解釈」第33条に定格電流の1倍の電流で自動的に動作しないことと規定されている。

5.3 電　池

図1-48のように，希硫酸（H_2SO_4）水溶液の液中に銅板（Cu）と亜鉛板（Zn）を入れ，導線で豆電球を接続すると，銅板から亜鉛板に向かって導線の中を電流が流れ，豆電球が点灯する。また，亜鉛板の代わりに，鉄や鉛のような**イオン化傾向**[26]の小さい金属などを入れても，両極間には電流は流れるが，その大きさは小さく，豆電球の光も弱い。この現象は次のように説明できる。

亜鉛は銅よりイオン化傾向が大きいので，亜鉛イオン（Zn^{2+}）となって溶液中に溶け出し，亜鉛板は電子が過剰となり陰極となる。一方，銅板付近の水素イオン（$2H^+$）は，銅板から電子（$2e^-$）をとって水素ガス（H_2）になるので，銅板は電子が不足し，陽極となる。したがって，両極に豆電球を接続すると電流が流れる。

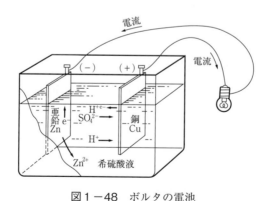

図1-48　ボルタの電池

---

(25)　溶断時間は「電気設備の技術基準の解釈」第33条に規定されている。
(26)　金属が溶液と接触するときは，イオンとなって溶液中に入り込む傾向をもっている。これをイオン化傾向といい，その大きさは金属の種類によって異なる。

このような現象を利用して，化学変化を電圧の変化に置き換える装置を電池という。図1－48は，ボルタが1800年ごろ発明したので**ボルタ電池**と名付けられている。

ボルタ電池は，電流が流れてしばらくすると電圧が下がり，電流はほとんど流れなくなる。この原因は，陽極（銅板）に発生した水素ガスが電極の表面に集まり，水素イオンと電子の反応作用を妨げるためである。このような現象を**分極作用**，又は**成極作用**という。現在実用化されている電池は，このような分極作用を防ぐために減極剤を使用する。

電池の起電力は，両極の金属イオン化傾向の差が大きいほど大きくなるが，現在実用化されている電池では，1個当たりの起電力の大きさは約1.2～3.6Vであるため，高い起電力を必要とする場合は，「2.4　電池の接続」で学んだように，数多くの電池が必要になってくる。電池から電流を取り出すことを**放電**といい，逆に電池に電流を送り込むことを**充電**という。

電池には，一度放電すると構成物質の一部，又は全部を取り換えなければ，再びもとのような放電を行えない**一次電池**と，充電を行うことにより，反復使用のできる**二次電池**がある。表1－4は各種の一次電池を示したものである。

表1－4　各種の一次電池の構造と特性

種類	負極活物質	電解液	正極活物質	公称電圧 [V]
マンガン乾電池	Zn	$NH_4Cl+ZnCl_2$ 水溶液	MnO_2	1.5
アルカリマンガン電池	Zn	KOH 水溶液	MnO_2	1.5
酸化銀電池	Zn	KOH 水溶液 NaOH 水溶液	Ag_2O	1.55
空気亜鉛電池	Zn	KOH 水溶液	O_2	1.4
二酸化マンガン リチウム一次電池	Li	リチウム塩の有機電解液	MnO_2	3

湿電池は，電解液を液状のまま用いる電池で，取り扱いが不便なため特殊な場合以外には用いられていない。

乾電池は，電解液を紙や綿などのような孔質の物質に染み込ませたり，又は糊状にして使用するもので，取り扱いが容易である。図1－49は，乾電池の構造の一例である。

二次電池は，**鉛蓄電池**と**アルカリ蓄電池**の2種類が主として実用化されている。この種の電池は，電極での化学反応に可逆性があるので寿命も長く，また相当量の電流を取り出すことができるが，乾電池に比較すると形も

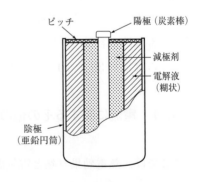

図1－49　乾電池の原理構造

大きくなる。

　鉛蓄電池は，電解液として比重 1.2 〜 1.3 の希硫酸を使用し，陽極として二酸化鉛（PbO_2）をペースト状にして詰め込んだ鉛板（Pb），陰極としては純粋な海綿状の鉛板（Pb）を使用している。鉛蓄電池1個（1単位）当たりの起電力は，通常の状態では 2.1V くらいであるが，充電するときと，放電するときとでは各々の電圧が変わってくる。図1－50は，その充放電特性を示したものである。

　完全に充電した状態から**放電終止電圧**（約 1.8V）までに放電した電気量を，その**蓄電池の容量**と呼び，単位は**アンペア時**（単位記号［A・h］）又は**ワット時**（単位記号［W・h］）を用いる。蓄電池の容量は，放電率によって非常に影響を受ける。放電率とは，放電電流の大小を放電継続時間で表したもので，図1－51は放電率と容量の関係を示している。

　例えば，完全に充電された蓄電池（電離液の比重は約 1.28）を一定電流で放電した場合，10 時間で放電の限界（約 1.8V）に達したとすれば，これを **10 時間放電率**と呼ぶ。鉛蓄電池ではこの 10 時間放電率が標準になっている。

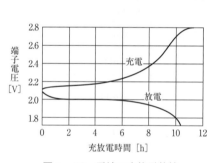
図1－50　電池の充放電特性

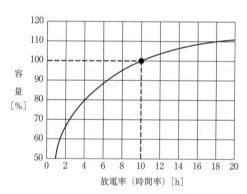
図1－51　鉛蓄電池の放電率と容量の関係

〔例題23〕　ある蓄電池から 30A の一定電流を放電したら，10 時間で放電限界に達した。その蓄電池の容量はいくらか。

（**解**）　蓄電池の容量＝一定電流量［A］×時間［h］
　　　　∴容量＝ 30 × 10 ＝ 300A・h

5.4　電流に関するその他の作用

ここでは，熱電効果（熱と電気間で起こる特別な現象）について，それらの要点を述べる。

（1）ゼーベック効果

図1－52 のように，二つの異なった金属線を接続して閉回路をつくり，接続点を異なった

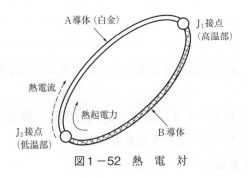

図1-52 熱電対

温度に保つと，回路中に温度差に応じた起電力が発生し，一定方向の電流が流れる。このような現象を**ゼーベック効果**といい，このとき発生する起電力を**熱起電力**，これによって流れる電流を**熱電流**という。また熱起電力，熱電流を発生させる目的でつくった，異なった二つの金属の組み合わせを**熱電対**と呼んでいる。

熱電対によって発生する起電力の大きさと方向は，導体の種類と接続点部における温度差によって定まる。表1-5は，白金と種々の金属とを組み合わせた熱電対の起電力の大きさと，その方向を表したものである。起電力の大きさは，高温部接点を100℃，低温部接点を0℃に保ったとき発生する起電力の値を表し，その方向は高温部接点において，白金より他の金属に向かって電流が流れた場合を＋にしてある（図1-52参照）。

表1-5 種々の金属の白金に対する熱起電力

金　属	熱起電力[mV]	金　属	熱起電力[mV]
亜鉛	+0.76	コバルト	-1.33
アルミニウム	+0.42	コンスタンタン	-3.51
アンチモン	+4.89	炭素	+0.70
カドミウム	+0.90	水銀	-0.60
金	+0.78	黄銅	+0.60
銀	+0.71	ビスマス	-7.34
銅	+0.76	タンタル	+0.33
鉄	+1.98	鉛	+0.44
ニッケル	-1.48	マンガニン	+0.61

異なった金属A，Bを接合させて，熱電対をつくり，そのときA金属とB金属間に生ずる熱起電力とその方向については，次のようになる。

表1-5より，A金属及びB金属の白金に対する起電力の大きさをそれぞれ e_a，e_b とすれば，両金属間に発生する熱起電力の大きさ e_{ab} は，

$$e_{ab} = e_a - e_b \quad \cdots\cdots\cdots\cdots\cdots\cdots\cdots\cdots\cdots (1-46)$$

であり，その方向は $e_a > e_b$ のとき，高温部接点において金属Bより金属Aへ向かう。

このゼーベック効果は，温度測定高周波電流計，熱発電などに応用されている。

〔例題24〕 鉄と黄銅で熱電対をつくり，接合点 J_1 を100℃，接合点 J_2 を0℃に保った場合に発生する熱起電力の大きさと，その方向を求めよ。

(**解**) 鉄を金属A，黄銅を金属Bとすると表1-5より，

$$鉄：e_a = +1.98\,\mathrm{mV}$$
$$黄銅：e_b = +0.60\,\mathrm{mV}$$

であるから式（1-46）より，

$$\begin{aligned} e_{ab} &= e_a - e_b \\ &= (+1.98) - (+0.60) \\ &= 1.38\,\mathrm{mV} \end{aligned}$$

e_{ab} の方向は，高温部接点 J_1 において，電流が黄銅より鉄へ向かう。

(2) 熱電対の応用

温度上昇に応じて大きな熱起電力が発生するような熱電対を用い，図1-53（a）のような装置をつくる。

熱電対の低温部接点 J_2 を水と氷を入れた容器の中に入れて0℃に保ち，高温部接点 J_1 の温度と熱起電力の関係をあらかじめ調べておくと，温度を測定しようとする場所に高温部接点 J_1 を置けば，そのとき発生する起電力から温度を測定することができる。図1-53（b）はその回路を示したものである。

なお，図1-54は，温度計に使用する熱電対の種類と使用範囲を示している。

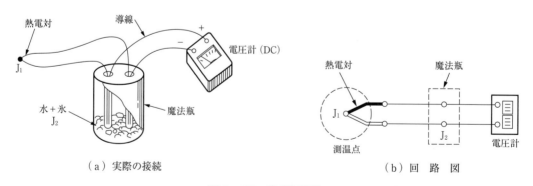

（a）実際の接続　　　　　（b）回路図

図1-53　熱電温度計

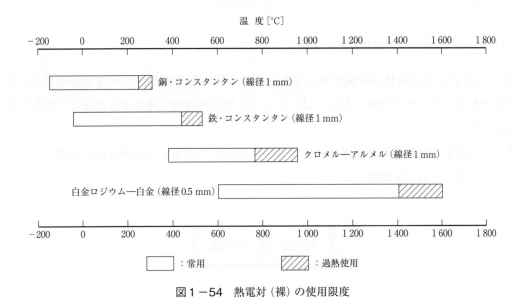

図1-54 熱電対（裸）の使用限度

熱電型計器は，図1-55のように，熱電対と熱線を組み合わせ，熱線に測定しようとする電流Iを流せば，ジュール熱によって熱電対の接触点Jの温度が上昇する。そのとき発生する熱起電力と電流の関係をあらかじめ調べておけば，未知電流を測定することができる。

この種の指示計器は，周波数の影響は極めて少ないので，主に高周波電流計として用いられている。

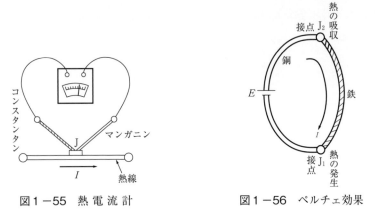

図1-55 熱電流計　　　図1-56 ペルチェ効果

（3）ペルチェ効果

異なった種類の金属，例えば，銅と鉄を図1-56のように接続し，これに電流を流すと，電流の熱作用によるジュール熱のほかに，その接点J_1では熱が発生し，接点J_2では熱が吸収される現象が生じる。また，電流の流れる方向を逆にすると，この現象は逆になり，熱を発生した接点J_1は熱を吸収し，熱を吸収していた接点J_2は熱を発生する。このような現象を

ペルチェ効果といい，この現象を利用すれば**電子冷暖房**ができる。

（4）トムソン効果（又はケルビン効果）

図1-57のように同種の金属であっても，その金属の長さに沿って温度差が生じているときに電流を流すと，その金属においては，ジュール熱以外の熱を発生する部分と，熱を吸収する部分ができる。

また，金属を流れる電流の向きを逆にすると，熱の発生部分と熱の吸収部分は逆になる。このような現象を**トムソン効果**という。

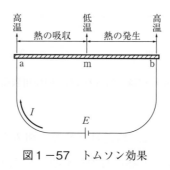

図1-57　トムソン効果

第1章のまとめ

この章で学んだことは，以下のとおりである。

（1） 抵抗 R [Ω] に電圧 V [V] をかけたとき，電流 I [A] が流れたとすると，これらには次のような関係がある。

$$I = \frac{V}{R}, \ V = RI, \ R = \frac{V}{I}$$

（2） 合成抵抗を計算する場合，直列接続部分は抵抗の和で，並列接続の部分はコンダクタンス G（抵抗の逆数）を求めることを原則とすればよい。

直列合成抵抗　$R = R_1 + R_2 + R_3$

並列合成抵抗　$R = \dfrac{1}{G} = \dfrac{1}{G_1 + G_2 + G_3}$

$$= \dfrac{1}{\dfrac{1}{R_1} + \dfrac{1}{R_2} + \dfrac{1}{R_3}}$$

（3） 回路網の計算を枝電流を未知数として行う場合は，「キルヒホッフの第1，第2法則」を適用して得られる式を連立方程式として解くことから始めればよい。

（4） 物体の電気抵抗は，材料の種類や形状によって異なる。

いま，導体の抵抗率を ρ [Ω・m]，長さを l [m]，断面積を A [m^2] とすれば，導体の抵抗 R [Ω] は，次のように表される。

$$R = \rho \frac{l}{A}$$

（5） I [A]，電圧降下 V [V] なる抵抗 R [Ω] での電力 P [W] と電力量 W [J] は，通電時間を t [s] とすれば，次のように表される。

$$P = VI = RI^2 = \frac{V^2}{R}, \ W = Pt$$

第1章　練習問題

1. ある帯電導体に100Cの正電荷が蓄えられたとする。この導体から1Aの電流を1分間放電したら残りの電荷はいくらか。

2. 次図の抵抗回路の合成抵抗を計算せよ。

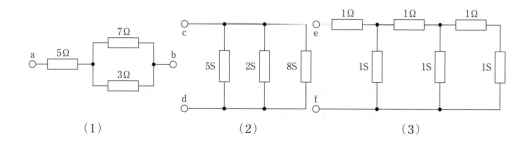

3. 次図のように、電池2個でランプ（抵抗は温度によらず0.42Ω一定とする）を点灯している場合、ランプを流れる電流Iと電力Pを求めよ。

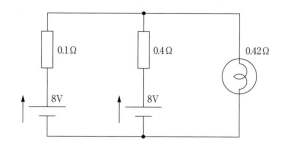

4. 次図の回路において、電圧E、電流I_1，I_2，I_3を求めよ。

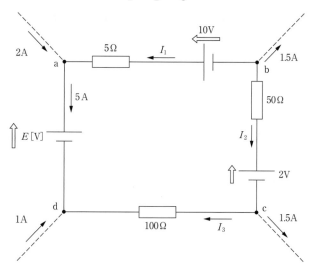

5．次図の回路で端子 a，b を開放した場合，電源から流れる電流 I を求めよ。また，端子 a，b を短絡した場合，電源から流れる電流 I を求めよ。

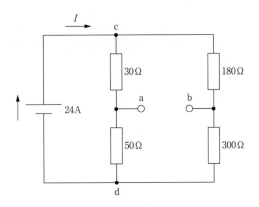

6．未知抵抗 R を測定するため，図示のホイートストン・ブリッジを使って平衡条件を求めたら $R_1 = 1.5Ω$，$R_2 = 100Ω$，$R_3 = 300Ω$ であった。これより R の値を求めよ。

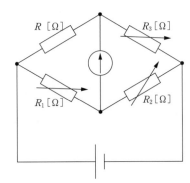

7．ビニル絶縁電線（断面積 $1\,\text{mm}^2$，2 心）20m を使って，直流 10A を負荷に供給しているとき，電圧降下はいくらとなるか。

8．電力料金が使用電力量に比例して徴収されるとし，A［円／kW·h］とする。30 日間，昼夜連続して 1.5kW を使用したときの料金はいくらか。

9．二次電池を充電するとき，充電器を電池とどのように結線すべきか。

10．銅とコンスタンタンの熱電対材料を使い，スポット溶接（又はガス溶接）で熱電対をつくって，図 1 - 50（p62）のような熱電温度計を構成したとする。その測温部を高温の場所に当てた場合は銅線側は正，負いずれの電圧を示すことになるかを判断せよ。

第2章 電流と磁気

　鉄くぎにエナメル線をコイル状に巻き，このエナメル線に電流を流すと，天然の磁石と同じ働きをすることはよく知られている。また逆に，コイルの周りで磁石を動かすと，コイルに起電力が生じる。この現象を電磁誘導作用という。

　この章では，電流と磁気の関係を中心に，天然の磁石の性質，我々の生活で深くかかわりのある電動機・発電機・変圧器の基本原理である電磁誘導作用，コイルの性質について学ぶ。

第1節　磁石の性質と働き

1.1　磁石の性質

　天然に産出される磁鉄鉱は，鉄粉や鉄片を引き付ける性質をもっており，このような力を**磁力**という。このような磁力の性質のもととなるものを**磁気**，磁気を帯びている物体を**磁石**と呼んでいる。磁石には，磁鉄鉱のような天然磁石と，人工的に作られた人工磁石がある。磁石が鉄を引き付ける作用は，磁石全体にわたって存在するものではなく，図2－1のように，鉄粉を吸引させると磁石の両端の部分が最も強く吸引し，中央付近においてはほとんど吸引せず，ちょうど磁石の両端部にだけ磁気があるような現象を示す。この両端部に近い磁気の最も強い部分を**磁極**といい，その両端部の磁極の中心と中心を結んだ線を**磁軸**という。

　図2－2のように，棒磁石の中央部分を糸で水平につるすと，一方の磁極は北を指し，他の一方の磁極は南を指して静止する。北側を指した磁極と，南側を指した磁極は常に一定で，入れ替わることはない。

　北を指す磁極のことを**N極**，又は＋（正）**極**といい，南を指す磁極を**S極**，又は－（負）**極**と呼んでいる。二つの磁石のN極とN極，又はS極とS極を互いに接近させると，その磁極間には反発力が作用し，N極とS極を近づけると，その磁極間には吸引力が作用する。すなわち，磁極間に働く力は，同極同士では反発力，異極同士では吸引力である。

　一つの磁石がもっているN極とS極の磁力の強さは同じである。したがって図2－3に示

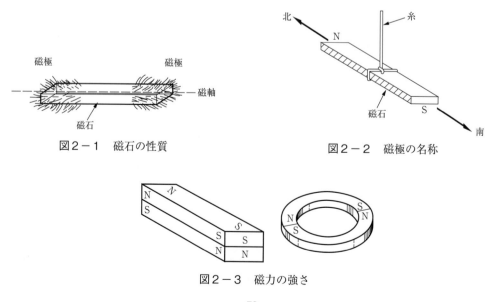

図2－1　磁石の性質　　　　　　図2－2　磁極の名称

図2－3　磁力の強さ

すように，同じ強さの磁石を異極同士で向かい合うようにして接触させると，両方の磁力は互いに打ち消し合って外部に対する磁力作用はほとんどゼロ（0）になる。

1.2 物質に及ぼす磁気作用

磁石をある物質に近づけた場合，その物質に磁気作用が現れ，N極とS極ができるとき，その物質は磁化されたという。磁化されやすい物質を**磁性体**といい，磁石を近づけても磁化現象が起きない物質を**非磁性体**という。磁性体は，磁化現象の性質によって，次の3種に分けることができる。

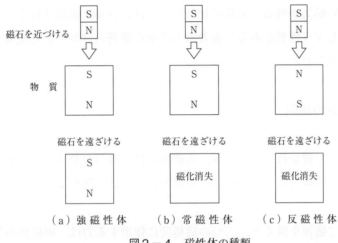

図2-4 磁性体の種類

強磁性体：鉄，ニッケル，コバルトやそれらの合金のように，外部からの磁化作用により，強く磁化され，その後，磁石を遠ざけても磁化が残る物質（図2-4（a））。

常磁性体：アルミニウム，白金，すず，マンガン，空気などのように，磁化される方向は鉄などと同じ方向であるが，その作用は極めて弱く，その後，磁石を遠ざけると磁化も消える物質（図2-4（b））。

反磁性体：ビスマス，銅，亜鉛，鉛，水素などのように，磁化の方向が前者に対して全く反対となり，その後，磁石を遠ざけると磁化も消える物質（図2-4（c））。

物質の磁化現象は，次のように説明されている。

すなわち，物質は分子の集合体であって，各々の分子は，N極，S極の両極をもった微少磁石（これを**分子磁石**という）とみなすことができる。磁化されていない鉄片では，これらの分子磁石は，図2-5（a）のように小さい領域（これを磁区という）に向きをそろえて入っており，いろいろな方向を向いているため，鉄片全体としては外部に対して磁気作用を示さない。ところが鉄片に磁石を近づけると磁石の影響を受け，鉄片中の各磁区は互いに吸引，反発して，各々の磁軸が図2-5（b）に示すように正しく平行に並ぶ。したがって，鉄片の内部

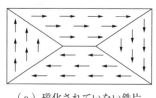
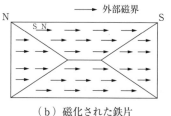

(a) 磁化されていない鉄片　　　　(b) 磁化された鉄片

図2−5　強磁性体の分子磁石と磁区

では，N極とS極が互いに打ち消し合うので磁気作用は発生しないが，鉄片の両端では磁極ができる。

このような考え方を**磁気分子説**と呼んでいる。鋼鉄は磁化しにくい性質があるが，しかし，一度磁化すると強い磁気が残る。鋼鉄に比較して軟鉄は容易に磁化されるが，磁化力を取り除くと磁気が消えてしまう性質がある。前者は主に**永久磁石**の材料として使用され，後者は**電磁石**の鉄心として使用される。

1.3　クーロンの法則

二つの磁極が離れて置かれているとき，両磁極間には吸引力や反発力が生じるが，クーロンは磁極間に働く力と磁極の強さ，両極間の距離との間には，次のような関係があることを実験で明らかにした。

図2−6のように磁極を置くと，二つの磁極間に作用する力は，両磁極の各々の強さの相乗積に比例し，両磁極間の距離の2乗に反比例する。これを磁気における「**クーロンの法則**」という。

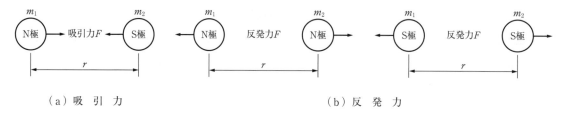

(a) 吸 引 力　　　　　　　　　　　(b) 反 発 力

図2−6　クーロンの法則

磁極間に働く力を量記号 F，単位を**ニュートン**（newton，単位記号 [N]），磁極の強さを量記号 m，単位を**ウェーバ**（weber，単位記号 [Wb]）[(1)] で表す。

磁極間に作用する力 F [N]，磁極の強さ（**磁荷**，**磁気量**という）を m_1，m_2 [Wb]，両極間の距離を r [m] とすると，

[(1)] 等しい磁極を1mの間隔で置き，両極間に働く力が 6.33×10^4 N であるとき，その磁極の強さを1Wbという。

$$F \propto \frac{m_1 m_2}{r^2}$$

比例定数を k とすれば,次のようになる。

$$F = k \frac{m_1 m_2}{r^2} \quad\cdots\cdots\cdots\cdots\cdots\cdots\cdots\cdots\cdots\cdots\cdots\cdots\cdots\cdots\cdots\cdots\cdots(2-1)$$

真空中においては,

$$k = \frac{1}{4\pi\mu_0} = 6.33 \times 10^4 \,\mathrm{m/H}$$

である。μ_0(ミューゼロと読む)は**真空の透磁率**の量記号を表し,単位はヘンリー毎メートル(henry per meter,単位記号 [H/m])を用いる。

$$\mu_0 = 4\pi \times 10^{-7}$$

したがって,真空中で二つの磁極間に働く力 F [N] は,

$$F = 6.33 \times 10^4 \frac{m_1 m_2}{r^2} \quad\cdots\cdots\cdots\cdots\cdots\cdots\cdots\cdots\cdots\cdots\cdots\cdots\cdots(2-2)$$

となる。空気中の場合は,実用上真空中のときと同じと考えても差し支えない。一般的に強磁性体を含む,全ての物質中で磁極を作用させた場合の磁極間の力 F [N] は,

$$F = \frac{1}{4\pi\mu_0\mu_s}\frac{m_1 m_2}{r^2} = \frac{1}{4\pi\mu}\frac{m_1 m_2}{r^2}$$

$$= \frac{6.33 \times 10^4}{\mu_s}\frac{m_1 m_2}{r^2} \quad\cdots\cdots\cdots\cdots\cdots\cdots\cdots\cdots\cdots\cdots\cdots\cdots(2-3)$$

となる。μ_s は物質の**比透磁率**の量記号を表し,μ は**透磁率**の量記号で単位記号は [H/m] を用いる。透磁率と真空の透磁率,比透磁率の関係は,$\mu = \mu_0\mu_s$ である[2]。

式(2 − 3)より,比透磁率 μ_s の物質内では二つの磁極間に働く力は,真空中の場合の $1/\mu_s$ になることが分かる。

〔例題1〕 真空中において 5×10^{-5} Wb の N 極と,4×10^{-4} Wb の S 極を 10cm 離れた所に置いたとき,両磁極間に作用する力の大きさと方向を求めよ。

(解) 式(2 − 2)より,

$$F = 6.33 \times 10^4 \frac{m_1 m_2}{r^2}$$

$$= 6.33 \times 10^4 \frac{5 \times 10^{-5} \times 4 \times 10^{-4}}{(0.1)^2} = 0.126\,6 \fallingdotseq 0.127 \,\mathrm{N}$$

力の大きさは 0.127N で,異極間に働くから吸引力である。

---

[2] 透磁率,比透磁率については「本章第3節 3.2」(86 ページ)を参照のこと。

1.4 磁界と磁界の強さ

これまで述べたように，磁極の周囲の空間には磁気的作用が働いているので，このような空間に鉄片や磁針をもち込むと，これに力が作用する。このように，磁極の磁気的影響を受けている空間を**磁界**という。磁界の強さを表す量記号にH，単位にアンペア毎メートル（ampere per meter，単位記号［A/m］）を用いる。

磁界の強さとその方向は，磁界中に単位強さの磁極（1Wb）をもってきたときに，これに働く力の大きさと方向によって定まり，いま，+1Wbの単位磁極を磁界中に置いたとき，これに作用する力F［N］が1Nの場合，その点の磁界の強さHを1A/mと定めている。

図2-7のように，いま磁極よりr［m］離れた点の磁界の向きと，磁界の強さについて考えてみる。

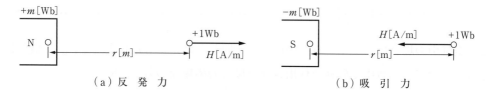

（a）反発力　　　　　　　　　　　（b）吸引力

図2-7　磁極に働く力

図2-7（a）においては+1Wbの磁極に作用する力は，矢印方向（反発力）になり，図2-7（b）においては逆向きの矢印方向（吸引力）になる。

以上の現象を「クーロンの法則」によって表すと，式（2-1）より，

$$F = \frac{1}{4\pi\mu}\frac{m \times 1}{r^2} = \frac{1}{4\pi\mu}\frac{m}{r^2}$$

となり，磁極+m，又は-mよりr［m］離れた点で+1Wbの磁極に働く力の強さで，その点の磁界の強さを表している。したがって，**磁界の強さH**［A/m］は，

$$H = k\frac{m}{r^2} \quad\cdots\cdots\cdots\cdots\cdots\cdots\cdots\cdots\cdots\cdots\cdots\cdots\cdots\cdots\cdots\cdots(2-4)$$

となる。ただし，kは空気中では$\frac{1}{4\pi\mu_0}$，磁性体中では$\frac{1}{4\pi\mu}$となる。

また，磁界の強さH［A/m］のところにm［Wb］の点磁荷[3]を置いたときに，これに働く力F［N］は，

$$F = mH \quad\cdots\cdots\cdots\cdots\cdots\cdots\cdots\cdots\cdots\cdots\cdots\cdots\cdots\cdots\cdots\cdots\cdots\cdots(2-5)$$

となる。これは式（2-2）と同じ値となる。

---

(3) 点磁荷とは，磁極の大きさが磁極間の距離rに比べて，無視できるほど非常に小さい磁極のことである。

〔例題2〕 ある磁界中に3×10^{-5} Wbの点磁荷をもってきたとき，これに1×10^{-4} Nの力が働いた。その磁界の強さはいくらか。

（解） $F = mH$ より，

$$H = \frac{F}{m} = \frac{1 \times 10^{-4}}{3 \times 10^{-5}} \fallingdotseq 3.33 \text{ A/m}$$

〔例題3〕 空気中において3×10^{-3} Wbの磁極より20cm離れた点の磁界の強さを求めよ。また，同じ場所に2×10^{-4} Wbの磁極を置いたときに作用する力の大きさを求めよ。

（解） 式（2－4）と式（2－5）より，

$$H = 6.33 \times 10^4 \frac{m}{r^2} = 6.33 \times 10^4 \frac{3 \times 10^{-3}}{(0.2)^2} \fallingdotseq 4\,750 \text{ A/m}$$

$$F = mH \fallingdotseq 4\,750 \times 2 \times 10^{-4} = 0.95 \text{ N}$$

1.5 磁気誘導

図2－8のように，鉄片に磁石を近づけると鉄片は磁化され，磁石に変わり，磁石のN極に近いほうには異種のs極ができる。反対側の端には同種のn極ができる。このように鉄片（磁性体）が磁界の影響を受けて磁性を帯びる現象を**磁気誘導**という。

鉄片が磁石に吸引されることはよく知られているが，これらの現象は上述の磁気誘導作用によっても説明することができる。これは鉄片に磁石を近づけると磁気誘導作用によって鉄片が磁化され，小磁石に変わり，N極とs極との間には吸引力，N極とn極の間には反発力が生じるが，N，s極間と，N，n極間の距離を比較すると，N，s極間の距離のほうが小さいので，「クーロンの法則」により，力の大きさは吸引力のほうが反発力より大きいので，結果として鉄片は磁石に吸引されることになる。

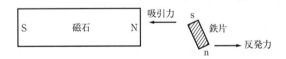

図2－8 磁気誘導

1.6 磁力線

磁界のいろいろな性質を分かりやすく表現するために，**磁力線**と名付ける力線が使用される。
これは磁界中に仮想した力線で，逆に**磁界**とは磁力線の通っている場所と考えてもよい。もちろん，磁力線は直接目で見ることはできないが，磁石の上にガラスを載せ，このガラスの上

に鉄粉を散布し，ガラスを軽くたたくと磁化された鉄粉は磁界の強さに従って分布され，その小磁石の磁軸を互いにつないでいくと磁力線の分布状態が分かる。磁力線は次のような性質をもっている。

① 磁力線は図2－9（a）のようにN極より出てS極で終わる。
② 各々の磁力線は長さの方向に縮もうとする力があると同時に，隣り合う磁力線は互いに長さと垂直の方向に反発し合う。
③ 磁力線同士は互いに交差しない。
④ 磁力線密度が磁界の強さに等しくなる。
⑤ 磁力線の接線方向が磁界の方向となる（磁界の方向を示すために磁力線に矢印を付ける）。

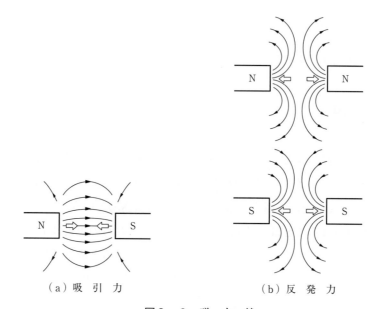

（a）吸引力　　　　　（b）反発力

図2－9　磁力線

図2－10のように，真空中に強さ m［Wb］のN極を置いたときに，N極から出る全磁力線について考えてみる。磁極 m を中心として r［m］の半径を有する球面を考えると，この球面上の磁界の強さ H［A/m］はどの点をとっても等しくなり，その値は式（2－4）のように，

$$H = k\frac{m}{r^2}$$

である。磁界の強さ H は球面の単位面積を通る磁力線の数に等しいと定めているので，球面上の単位面積当たりの磁力線数 H［本/m²］（**磁力線密度**という）は，

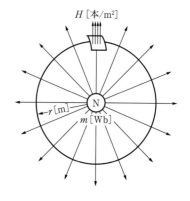

図2－10　磁力線密度

$$H = k\frac{m}{r^2} \quad \cdots\cdots (2-6)$$

となる。

球の表面積は $4\pi r^2$ [m^2] であるから，r を半径とした球の表面積全体を出ていく磁力線の総本数 N [本] は，

$$N = 4\pi r^2 H = 4\pi r^2 \times k\frac{m}{r^2}$$

$$= 4\pi k m \quad \cdots\cdots (2-7)$$

で表す。いま，真空中においては，

$$k = \frac{1}{4\pi\mu_0}$$

で表すので，式（2-7）は，

$$N = 4\pi k m = 4\pi \times \frac{1}{4\pi\mu_0} \times m = \frac{m}{\mu_0} \quad \cdots\cdots (2-8)$$

となる。特に $m = 1$ Wb とおくと，

$$N = \frac{1}{\mu_0}$$

となる。したがって，真空中又は空気中で 1 Wb の磁極から出る磁力線の本数は $1/\mu_0$ 本である。また，磁極 m [Wb] の周囲が磁性体で満たされている場合の磁界の強さ H [A/m] は，

$$H = \frac{k}{\mu_s}\frac{m}{r^2} \quad \cdots\cdots (2-9)$$

である。

式（2-9）で示すように，物質におけるその点の磁界の強さは，真空中の $1/\mu_s$ 倍になり，真空中における磁力線の総本数の $1/\mu_s$ に減少する。

〔例題4〕 空気中において，磁極の強さ m が 5×10^{-2} Wb のとき，この磁極より何本の磁力線が出ているか。

〔解〕 式（2-8）より，

$$N = \frac{m}{\mu_0} = \frac{5 \times 10^{-2}}{4\pi \times 10^{-7}} \fallingdotseq 40\,000 \text{本}$$

1.7　磁束と磁束密度

磁気では，磁力線のほかに，磁力線数を μ 倍した**磁束**という力線もよく用いられる。**磁束**

密度と磁束は，次のように定義されている。

単位面積を通る磁力線，すなわち，磁力線密度（磁界の強さ）H の μ 倍をとり，**磁束密度 B**（$=\mu H$ 式（2-18）参照）という。磁束密度を表す量記号に B，単位に**テスラ**[4]（tesla，単位記号 [T]）を用いる。また，磁化された磁性体のある断面 S をとり，$\phi = BS$ をその断面を通る磁束という。磁束を表す量記号に ϕ，単位に磁極の強さと同じウェーバ（weber，単位記号 [Wb]）を用いる。

〔例題5〕 空気中のある点における磁界の強さが 10 000A/m であった。その点の磁束密度はいくらか。

（解） $B = \mu H = \mu_0 H = 4\pi \times 10^{-7} \times 10^4 = 4\pi \times 10^{-3} = 12.56 \times 10^{-3}$ T

〔例題6〕 比透磁率2の磁性体中の磁界の強さが 10 000A/m であった。その点の磁束密度はいくらか。

（解） $B = \mu_0 \mu_s H = 4\pi \times 10^{-7} \times 2 \times 10^4 = 25.12 \times 10^{-3}$ T

1.8 磁気モーメント

図2-11のように，場所によらず一定の向きと大きさをもつ磁界（これを**平等磁界**という）中に磁極の強さ m [Wb]，長さ l [m] の磁石を磁界の方向に対して θ だけ傾けて置くと，磁界と磁石の間には互いに力が作用する。このとき磁石の N 極，S 極の両部分に働く力の大きさは，それぞれ $F = mH$ [N] であるが方向は反対である。

そのため，磁石の中点 O を中心に次式で示されるような**回転力（トルク）**が発生する。トルクを表す量記号に T，単位にニュートンメートル（newton meter，単位記号 [N·m]）を用いる。

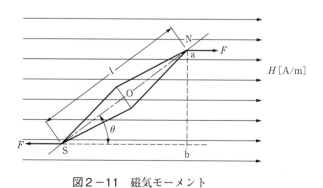

図2-11 磁気モーメント

---

(4) テスラについては 1T = 1Wb/m² の関係がある。

$$T = F \times \overline{ab} = mH \times l\sin\theta \quad \cdots\cdots\cdots\cdots\cdots\cdots\cdots\cdots\cdots\cdots\cdots\cdots\cdots\cdots\cdots (2-10)$$

磁石の位置が磁界の方向に対して直角方向に置かれたとき，$\sin\theta = 1$ であるから，

$$T = mlH \quad \cdots\cdots\cdots\cdots\cdots\cdots\cdots\cdots\cdots\cdots\cdots\cdots\cdots\cdots\cdots\cdots\cdots\cdots\cdots\cdots (2-11)$$

となる。

以上のことから，磁界中に置かれた磁石に生ずるトルク T は，磁極の強さ m や磁石の長さ l の大きさが異なっても，これらの相乗積 (ml) に比例する。この ml のことを**磁気モーメント**といい，量記号を M，単位にウェーバメートル（weber meter，単位記号［Wb·m］）を用いる。

$$M = ml \quad \cdots\cdots\cdots\cdots\cdots\cdots\cdots\cdots\cdots\cdots\cdots\cdots\cdots\cdots\cdots\cdots\cdots\cdots\cdots\cdots\cdots (2-12)$$

〔例題7〕 磁極の強さ 2×10^{-4} Wb，長さ 10cm の棒磁石の磁気モーメントを求めよ。

（解） 式（2-12）より，

$$M = ml = 2 \times 10^{-4} \times 10 \times 10^{-2} = 2 \times 10^{-5} \text{ Wb·m}$$

1.9 地 磁 気

磁針が常に南北の方向を指して静止するのは，地球も一つの天然の大磁石であるからである。図2-12はその想像図を表したもので，地球の周囲の空間では，この地球磁気のために磁界が存在しているので，磁針はこの地球磁界の影響を受けて，これと平行になった場所で静止する。また，磁針のN極が北極を指すのは，地球磁石のS極が地球の地理学上の北極の近くに存在し，南極の近くにはN極があるためである。地球磁極の位置は1年，又は1日を周期として変化するが，前者のことを年変動と呼び，後者を日変動と呼んでいる。

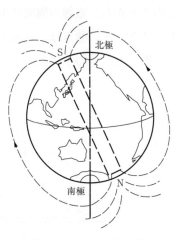

図2-12 地 磁 気

第2節　電流の磁気作用

2.1　電流のつくる磁界

　図2－13のように，磁針の上部に，磁針に沿って平行に導線を張り，導線に一定方向の電流を流すと磁針が振れ，磁針は一定位置で静止する。また，導線を流れる電流の向きを逆にすると磁針の振れる向きは反対方向となる。次に，導線中を流れる電流の値を大きくすると磁針の振れの勢いも大きくなる。このような実験から，電流が流れている場所では，その周囲に磁界ができることが分かる。

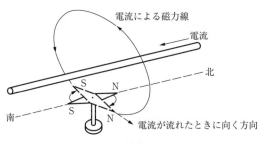

図2－13　電流の磁気作用

　次に，電流によって生じている磁界の大きさや磁力線方向を知るには，図2－14のように鉄粉をまいた厚紙を水平に置き，その中央に電線を垂直に通し，電線に矢印方向の電流を流してみればよい。このとき鉄粉は電線を通した穴を中心に同心円状に配列され，電線に近い部分ほど鉄粉の密度は大きくなる。このことから，電線の周囲に生じる磁界は電線に垂直な平面に電線を中心とする同心円形状であること，その強さは，電線からの距離に反比例しそうなことが分かる。また，厚紙上に小磁針を置くと，その小磁針のN極の向きは，図2－14に示すよ

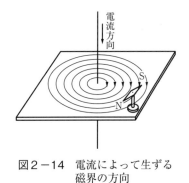

図2－14　電流によって生ずる磁界の方向

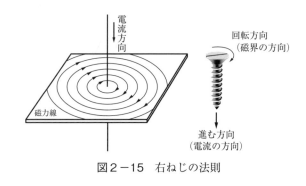

図2－15　右ねじの法則

うになるので磁力線の向きについても知ることができる。

図2-15のように電流の流れる方向を右ねじの進む方向に置き換えて考えると，磁力線の向きが右ねじの回転方向に一致するので，このことを「**アンペアの右ねじの法則**」という。

一般に紙面で垂直な方向に流れる電流の向きを表すのに，図2-16のように⊙⊗印を用いる。これはちょうど矢が飛んでいく方向を電流の流れる方向と見たてたもので，電流が紙面の裏側から表側に向かうとき⊙印を，その反対のときは⊗印を用いる。

また，図2-17のように右手を握ったとき，親指を磁界の方向，その他の指を電流の方向とすると，「右ねじの法則」と一致する。

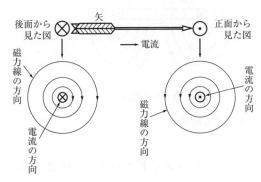

図2-16 電流と磁界の方向の表し方

図2-17 右手を用いた電流と磁界の関係

2.2 直線電流のつくる磁界

図2-18のような無限に長い直線状導体に電流 I [A] を流したとき，この導体から垂直方向に半径 r [m] の円周上 P 点における磁界の方向は接線の方向であり，磁界の強さ H [A/m] は円周上のどの点でも同じ大きさをもち，次のようになる。

$$H = \frac{I}{2\pi r} \quad \cdots\cdots\cdots\cdots\cdots\cdots (2-13)$$

すなわち，磁界の強さは，電流の大きさに比例し，距離に反比例する。

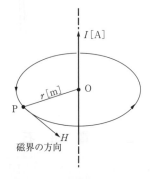

図2-18 直線電流のつくる磁界

〔例題8〕 十分に長い直線状導線に，10Aの電流を流したとき，導線から垂直方向に10cm離れた点の磁界の強さはいくらか。

（解）磁界の強さ $H = \dfrac{I}{2\pi r} = \dfrac{10}{2 \times 3.14 \times 0.1} = 15.9$ A/m

2.3 コイルのつくる磁界

図2－19のように1回巻きのコイルをつくり，これに電流を流すと，「右ねじの法則」によって電線を取り巻く環状の磁力線が生じる。そしてその磁力線の分布は，図のようになる。

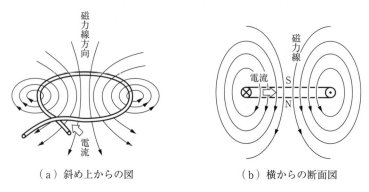

(a) 斜め上からの図　　　　(b) 横からの断面図

図2－19　円形コイルによる磁界

電線を何回も密接に巻いてつくった直線状のコイルを**ソレノイド**というが，図2－20は，ソレノイドに電流が流れたときに生ずる磁力線の様子を表したものである。

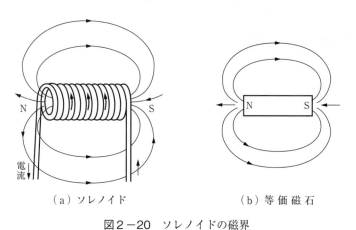

(a) ソレノイド　　　　(b) 等価磁石

図2－20　ソレノイドの磁界

2.4　電　磁　石

図2－21のように，円筒形のソレノイドの中に鉄心[5]（軟鉄の棒）を入れ，コイルに電流を流すと鉄心は磁石になるが，電流を断つと磁性がなくなる。このような磁石のことを**電磁石**

---

(5) ソレノイドに鉄心を挿入すると，ソレノイド内の磁束が大幅に増加する。

といい，測定用計器の駆動機構部やベル，継電器など，その他の電気装置に応用されている。

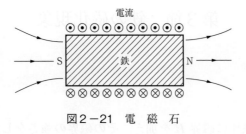

図2-21　電磁石

第3節　鉄の磁化現象

3.1　磁化曲線

全く磁化されていない鉄片に磁界 H を加え，その磁界の強さをしだいに増加させると，鉄片内部の磁束密度 B も増加していく。

しかし，磁界の強さ H と磁束密度 B との関係をグラフで表すと，図2－22のような曲線ができる。これを**磁化曲線**又は **B-H 曲線**という。この曲線の形は鉄の材質などによって多少異なるが，だいたい次のような共通な面がある。

最初 H の値を増加させていくと B の値も増加するが，H の値がある点を過ぎるころから B の値は急激に増加して，ｂｃの曲線を描き，さらに H の値を増加させるとｃｄのように B の増加の割合は少なくなり，しまいには H の増加に対して，B はほとんど増加しなくなる。この状態を鉄が磁気的に飽和したといい，この曲線を磁気**飽和曲線**という。

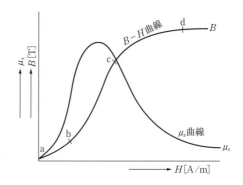

図2－22　磁化曲線と比透磁率曲線

3.2　透磁率と比透磁率

図2－22の磁化曲線において，磁束密度 B と磁界の強さ H の比を**透磁率** μ（ミューと読む）といい，

$$\mu = \frac{B}{H} \quad\cdots\cdots\cdots\cdots\cdots\cdots\cdots\cdots\cdots\cdots\cdots\cdots\cdots\cdots\cdots\cdots\cdots\cdots\cdots\cdots\cdots\cdots\cdots\cdots\cdots (2-14)$$

で表す。B-H 曲線について，ａｂ間では比較的低い値になるが，ｂｃ間において最大になり，以後しだいに減少する。このように鉄のような強磁性体では，透磁率 μ は一定でなく複雑な変化をする。また，物質の透磁率と真空の透磁率を比較したものを，その物質の**比透磁率** μ_s

といい，次の式で表す．

$$\mu_s = \frac{\mu}{\mu_0} \quad\quad\quad\quad\quad\quad\quad\quad\quad\quad\quad\quad\quad\quad\quad\quad\quad\quad (2-15)$$

μ：物質の透磁率
μ_0：真空の透磁率

3.3 自己減磁作用

図2－23のようにN極とS極により一様な磁界 H_0 をつくる．一様な磁界 H_0 中に鉄片を置くと，鉄片内の磁界の強さは最初の磁界 H_0 より小さくなる．鉄片内の磁界の強さを H とすると，H_0 と H との差，

$$H' = H_0 - H \quad\quad\quad\quad\quad\quad\quad\quad\quad\quad\quad\quad\quad\quad\quad\quad (2-16)$$

のことを**自己減磁力**という．

なぜ，このような現象が起こるのか考えてみよう．

磁界の中に鉄片を置くと，鉄片は磁化されて図2－23のようにn極とs極が現れる．この磁極によって鉄片の中に H' なる磁界を生じるが，その方向は最初の磁界 H_0 と反対の方向である．そのため鉄片中の磁界は最初の磁界より小さくなる．

永久磁石の中でも自己減磁力 H' が作用しており，日時がたつにつれて磁極の強さはしだいに小さくなってくる．

このため永久磁石を保存するには，図2－24（a）のように二つの相等しい磁石N，Sを逆に並べるか，又は図2－24（b）のように軟鉄片を両極に吸引させておかなければならない．このような目的に使用される軟鉄片を**保磁片**という．

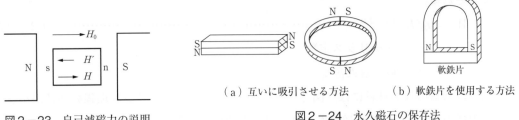

図2－23 自己減磁力の説明　　　　　（a）互いに吸引させる方法　　（b）軟鉄片を使用する方法

図2－24 永久磁石の保存法

3.4 磁気遮へい（シールド）

精密な電気磁気測定などを行うときには，地球磁界やその他の外部磁界の影響を受けないようにする必要がある．そのようなときに，鉄が磁束をよく通す性質を利用して図2－25のような中空の鉄箱をつくり，その中に計器類を入れて置くと磁束はほとんど外部の鉄箱を通り，

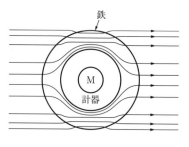

図2−25 磁気遮へい

内部の計器は外部磁界の影響を受けなくなる。これを**磁気遮へい**と呼んでいる。

3．5　ヒステリシス

　磁化されていない強磁性体を，交流的に変化する外部磁界 H で磁化すると磁束密度 B はこれに従い，ある面積を包んだ環線を描く。図2−26はその一例を示すもので，強磁性体に外部磁界 H をO→b→O→d→O→bのように変化させると，そのときの磁束密度の変化は，O→a′→b′→e′→c→d′→f′→a→b′となる。この現象を**磁気ヒステリシス**といい，また，図のような環線を**ヒステリシス環線**（又は**ヒステリシス・ループ**）という。

　次に，磁界をゼロに戻し（磁界を取り去る）ても磁束密度は0にならず，$\overline{Oe'}$ に相当する磁気が残る。この $\overline{Oe'}$ に相当する磁束密度 $B_r(\overline{Oe'})$ のことを**残留磁気**といい，また，$H_c(\overline{Oc})$ に相当する磁化力のことを**保磁力**という。ヒステリシスがあると，交流磁界に対して磁性体にエネルギー損（ヒステリシス損という）が現れ（これが一般に熱となる），このため鉄心に温度上昇をきたす。その程度は環線の面積に比例する。

　単位体積の磁性体が1秒間に交流磁界を f 回受けたときのヒステリシス損 W_h ［W/m³］は，次の式で表される。

$$W_h = \eta f B_m^{1.6-2.0} \quad\cdots\cdots\cdots\cdots\cdots\cdots\cdots\cdots\cdots\cdots\cdots\cdots\cdots\cdots\cdots (2-17)$$

　　　　η：ヒステリシス定数

　　　　B_m：最大磁束密度

　一般に交流機器の鉄心材料には，図2−27のⓐのようにヒステリシス環線の面積が小さいもので，保磁力 H_c が小さく，透磁率の高い材料が使用される。

　また，永久磁石の材料としては，図2−27のⓑのような残留磁気 B_r と保磁力 H_c の大きい材料が使用されている。

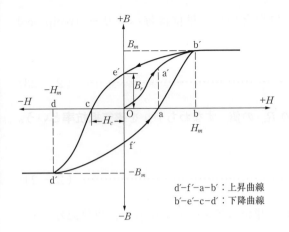

図2－26　ヒステリシス環線

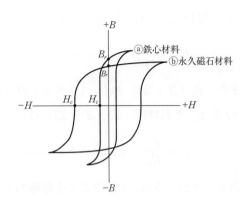

図2－27　鉄心材料と永久磁石のヒステリシス環線

3.6　磁気回路

電流の流れる通路を電気回路というのと同様に，磁束の通る通路を**磁気回路**又は**磁路**という。図2－28のような環状に巻かれたコイルにおいて，コイルの巻数をNとし，それに電流を流した場合，コイル内に生ずる磁界の強さをH〔A/m〕，磁束密度をB〔T〕，透磁率をμ〔H/m〕とすれば，式（2－14）より，

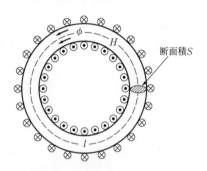

図2－28　環状ソレノイド

$$B = \mu H \quad \cdots\cdots（2-18）$$

である。また，磁路の平均長さをl〔m〕とすれば，「アンペアの周回積分の法則」によって，

$$H = \frac{NI}{l} \quad \cdots\cdots（2-19）$$

と表される。コイルの断面積をS〔m²〕とすれば，磁路の中を通る磁束ϕ〔Wb〕は，

$$\phi = BS = \mu HS = \mu \frac{NI}{l} S \quad \cdots\cdots（2-20）$$

式（2－20）を書き換えると，

$$\phi = \frac{NI}{\dfrac{l}{\mu S}} \quad \cdots\cdots（2-21）$$

さらに，式（2－21）の分母$l/\mu S$をR_mとすれば，

$$\phi = \frac{NI}{R_m} \quad \cdots\cdots（2-22）$$

となる。この R_m のことを**磁気回路**の**磁気抵抗**[6]といい，単位は毎ヘンリー（reciprocal henry，単位記号 $[H^{-1}]$）を用いる。

$$R_m = \frac{l}{\mu S} \quad\cdots\cdots\cdots\cdots\cdots\cdots\cdots\cdots\cdots\cdots\cdots\cdots\cdots\cdots\cdots\cdots\cdots\cdots\cdots\cdots\cdots\cdots\cdots\cdots\cdots (2-23)$$

また，式（2-23）の $l=1$，$S=1$ のときの R_m の値，すなわち $1/\mu$ を**磁気抵抗率**という。NI を F_m とおけば，式（2-22）は，

$$\phi = \frac{F_m}{R_m},\ F_m = NI \quad\cdots\cdots\cdots\cdots\cdots\cdots\cdots\cdots\cdots\cdots\cdots\cdots\cdots\cdots\cdots\cdots (2-24)$$

と表すことができる。F_m のことを**起磁力**といい，単位にアンペア（ampere，単位記号 $[A]$）を用いる。

式（2-24）は，電気回路の「オームの法則」の式（1-2）とよく似ていることが分かる。表2-1は電気回路と磁気回路を比較したものである。

表2-1 電気回路と磁気回路の比較

電気回路	磁気回路
起電力　E	起磁力　F_m
電　流　I	磁　束　ϕ
電気抵抗　R	磁気抵抗　R_m

〔**例題9**〕 比透磁率2 500，磁路の平均長さ50cm，断面積 $5\mathrm{cm}^2$ の環状鉄心に起磁力80Aを加えたときの磁束の値を求めよ。

〔**解**〕 式（2-23）より，

$$\begin{aligned}
R_m &= \frac{l}{\mu_s \mu_0 S} \\
&= \frac{50 \times 10^{-2}}{4\pi \times 10^{-7} \times 2\,500 \times 5 \times 10^{-4}} \\
&= \frac{10^6}{\pi}\ H^{-1}
\end{aligned}$$

式（2-24）に代入すれば，

$$\phi = \frac{F_m}{R_m} = \frac{80}{\dfrac{10^6}{\pi}} = 2.55 \times 10^{-4}\ \mathrm{Wb}$$

---

(6) 磁気抵抗 $R_m = \dfrac{l}{\mu S}$ の単位は，$l\,[\mathrm{m}]$，$\mu\,[\mathrm{H/m}]$，$S\,[\mathrm{m}^2]$ から，

$$\frac{[\mathrm{m}]}{[\mathrm{H/m}][\mathrm{m}^2]} = \frac{1}{[\mathrm{H}]} = [\mathrm{H}^{-1}]$$

第4節　電　磁　力

　電流が流れると，その周りに磁界ができることは学んだ。ここでは磁界内に置いた導体に電流が流れたとき，導体と磁界との間に起こるいくつかの現象について調べてみる。

4．1　電流が磁界内で受ける電磁力の大きさ

　磁界内に置かれた**導体**（導線ともいう）に電流を流すと，導体に力が作用する。図2－29のように，通電導体を磁界中に置くと，磁極間の磁界が図2－29（a）の実線に示した磁力線分布をするのに対し，電流による磁界は点線で示した同心円状の磁力線分布となる。したがって，実際には磁界は図2－29（b）のような合成磁界となる。また，磁力線は互いに反発し，かつ縮もうとする性質があるので，導体は矢印の方向に力を受ける。これを**電磁力**という。

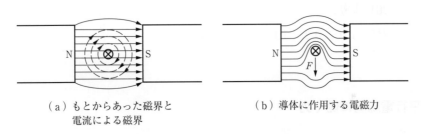

（a）もとからあった磁界と
　　　電流による磁界

（b）導体に作用する電磁力

図2－29　磁界中における電磁力

　この場合，電流に働く力の方向は，電流及び磁界の各々に垂直であって，図2－30のように，左手の親指，人差し指，中指を互いに直角に開き，人差し指を磁界の方向，中指を電流の方向とすると親指が電磁力の方向となる。これを「**フレミングの左手の法則**」という。
　図2－31（a）のように，電流 I [A] が流れている長さ l [m] の直線導体を磁束密度 B [T] の一様な磁界の方向に対し直角に置けば，このとき導体に働く電磁力 F [N] は，

$$F = BIl \quad\quad\quad\quad\quad\quad\quad\quad\quad\quad\quad\quad\quad\quad\quad\quad (2-25)$$

となる。また，図2－31（b）のように導体を磁界の方向に対し θ の角をなして置くと，導体に働く電磁力 F は，

$$F = BIl \sin\theta \quad\quad\quad\quad\quad\quad\quad\quad\quad\quad\quad\quad\quad\quad (2-26)$$

となる。

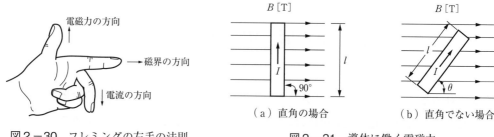

図2-30 フレミングの左手の法則　　図2-31 導体に働く電磁力

〔**例題10**〕 磁束密度0.3Tの一様な磁界中に長さ0.3mの導体を磁界に対して直角に置き，これに10Aの電流を流した。導体に働く力を求めよ。

（**解**）　式（2-25）により，

$$F = BIl = 0.3 \times 10 \times 0.3 = 0.9 \text{ N}$$

〔**例題11**〕 磁束密度0.2Tの一様な磁界中に長さ0.5mの導体を磁界と45°に置き，これに電流10Aを流した。導体に働く力を求めよ。

（**解**）　式（2-26）より，

$$F = BIl \sin\theta = 0.2 \times 10 \times 0.5 \times \sin 45°$$
$$\fallingdotseq 0.7$$

4.2　平行電線間に働く力

図2-32のように，A，B 2本の平行に置いた導体に電流を流すと，電流の方向により磁力線分布は図2-32（a），（b）のようになり，その合成磁界は図2-32（c），（d）のようになる。したがって，磁力線の基本的性質から図2-32（c）の場合は相互に吸引力が働き，図2-32（d）の場合は反発力が働く。すなわち，同方向の電流間には吸引力が，反対方向の電流間には反発力が働く。また，このとき両導体A，B間に働く力の大きさは図2-33のように，それぞれの導体に流れる電流をI_a[A]，I_b[A]，導体間の距離をr[m]とすれば，導体1m当たりに働く力F[N/m]は，

$$F = \frac{2I_a I_b}{r} \times 10^{-7} \quad\quad\quad\quad\quad\quad\quad\quad (2-27)$$

で与えられる[7]。

---

(7)　I_aとI_bが同符号（同じ方向に流れる）なら吸引力，異符号（互いに反対方向に流れる）なら反発力となる。

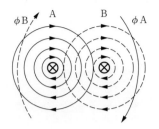
（a）各導体の磁力線分布（吸引力）

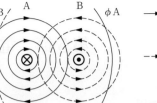
（b）各導体の磁力線分布（反発力）

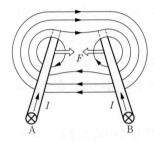
（c）（a）の合成磁界（吸引力）

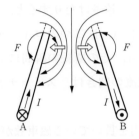
（d）（b）の合成磁界（反発力）

図2−32 電流の作る磁界と力

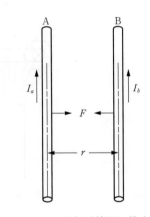

図2−33 平行電線間に働く力

〔例題12〕 1m離れた所に置いた平行直線の導体に1Aの電流が流れたとき，導体1m当たりに働く力の大きさを求めよ。

(解) 式（2 − 27）より，

$$F = \frac{2I_a I_b}{r} \times 10^{-7} = \frac{2 \times 1 \times 1}{1} \times 10^{-7}$$
$$= 2 \times 10^{-7} \text{ N/m}$$

— 93 —

第5節　電磁誘導

5.1　電磁誘導作用

　ファラデーは1831年に，コイル[8]に磁石を近づけたり，遠ざけたり，また，磁石を固定して置き，コイルを近づけたり，遠ざけたりすると，コイルに起電力が生じることを発見した。
　図2-34（a）のように，A，B二つのコイルを近くに相対して固定して置き，AコイルのスイッチSを断続させても，その断続の瞬間にBコイルに接続された検流計が振れる。そのときBコイルに流れる電流の向きは，スイッチSを閉じたときと開いたときでは反対になる。
　これらの現象は，コイル内を貫いている磁束数が時間的に変化しているときに，コイルには起電力が誘導され，電流が流れるためである。このような現象を**電磁誘導**といい，生じる起電力を**誘導起電力**，流れる電流を**誘導電流**という。

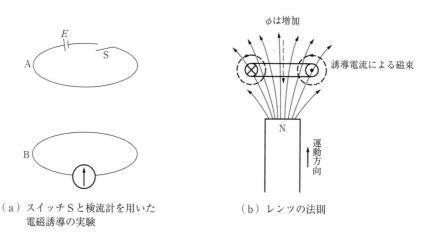

図2-34　電磁誘導

　電磁誘導によって生じる誘導起電力の向きは，それによって流れる誘導電流が生じさせる磁束が，もとの磁束の変化を妨げるような方向である。図2-34（b）で例えると，N極をコイルに近づけると，コイル内には上向きの磁束が増加し，図示の点線のような方向に磁束が生じる。この場合，コイルを通る磁束が増加しつつあるので，その増加を妨げ，磁束をもとの大きさに保とうとする新たな磁束が生じて，この磁束を得るための起電力をコイルに誘導する。すなわち，「電磁誘導作用によってコイルに誘導される起電力の向きは，コイルを貫く磁束の

---

(8)　コイルは，電線などを螺旋状や円筒状に巻いたものである。

変化を妨げる電流を生じるような向きに発生する」。これを「**レンツの法則**」という。

5.2　誘導起電力の大きさ

「電磁誘導作用によりコイルに誘導される起電力の大きさは，コイルを貫く磁束の変化する速さとコイルの巻数の積に比例する」。これを「**ファラデーの電磁誘導の法則**」という。また，ノイマンは起電力の大きさについて，次のことを明らかにした。「電磁誘導によって生じる起電力の大きさは，磁束鎖交数[9]の変化する割合に等しい」。

いま，1巻きのコイルを貫いている磁束 ϕ が Δt 秒間に $\Delta\phi$ [Wb] だけ変化すれば，1秒間に変化する割合は $\Delta\phi/\Delta t$ [Wb/s] となる。

したがって，コイルに誘導される起電力 e [V] は，

$$e = -\frac{\Delta\phi}{\Delta t} \quad\quad\quad\quad\quad\quad\quad\quad\quad\quad\quad\quad\quad\quad\quad\quad (2-28)$$

となる。コイルの巻数が N 回のときは，

$$e = -N\frac{\Delta\phi}{\Delta t} \quad\quad\quad\quad\quad\quad\quad\quad\quad\quad\quad\quad\quad\quad\quad (2-29)$$

式（2-28）及び式（2-29）の負の符号は，磁束の変化を妨げる方向に起電力が誘導されることを表現している。

〔例題13〕300回巻きコイルに0.2秒間に0.1Wbの磁束の変化を与えたとき，コイルに誘導する起電力の大きさを求めよ。

（解）式（2-29）で，$\Delta\phi=0.1$ Wb の増加と考えるとすれば，コイルに誘導する起電力 e は，

$$e = -N\frac{\Delta\phi}{\Delta t} = -300 \times \frac{0.1}{0.2}$$
$$= -300 \times 0.5 = -150 \text{ V}$$

もし，$\Delta\phi=-0.1$ Wb の減少と考えれば，$e=150$ V となる。したがって，変化の増減の別にかかわらず，e の大きさのみでいえば150Vである。

5.3　直線状導体に誘導される起電力

電磁誘導起電力は，図2-35（a）のように磁界内に置いた導線（これを広い意味で**導体**

---

[9] コイルを貫いている磁束は，鎖の輪のように交差していることから**鎖交**という。磁束鎖交数については「本章第6節6.1」（99ページ）を参照のこと。

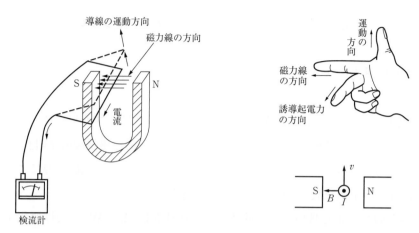

(a) 導体の運動による誘導起電力の発生　　(b) 誘導起電力の発生方向

図2-35　フレミングの右手の法則

と呼ぶことが多い）が運動して磁力線を切るときにも発生する。導体の運動方向が磁界の方向と直角に交わる場合は，右手の親指，人差し指，中指の3指をそれぞれ直角になるように開き，親指を導体の運動方向，人差し指を磁界の方向とすれば，中指が誘起する起電力の方向を示す。これを「**フレミングの右手の法則**」という。また，このとき導体に誘導する起電力の大きさ e [V] は，図2-36のように，長さ l [m] の導体を磁束密度 B [T] の一様な磁界中で，磁界の方向に対し直角方向に速度 v [m/s] で動かす場合は，

$$e = Blv \quad\quad\quad\quad (2-30)$$

となる。もし，磁界に対して角度 θ で斜めに速度 v' [m/s] で動かすと，そのときの誘導起電力の大きさ e [V] は，

$$e = Blv' \sin\theta \quad\quad\quad\quad (2-31)$$

となる。

このようにして，導体を磁界中で運動させて誘導起電力を得る場合，運動方向を磁界と直角にしたときに起電力の値が最大となる。

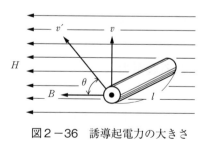

図2-36　誘導起電力の大きさ

〔例題14〕 磁束密度1.5Tの一様な磁界中に長さ1mの導体を磁界の方向と直角に置き，これを10m/sの速度で磁界と直角に動かすときに生じる起電力の大きさを求めよ。

（解）　式（2 - 30）より，
$$e = Blv = 1.5 \times 1 \times 10 = 15 \text{ V}$$

〔例題15〕 磁束密度2Tの一様な磁界に長さ1mの導体を磁界の方向に対して，45°の方向に速度10m/sで動かしたとき，誘導される起電力の大きさを求めよ。

（解）　式（2 - 31）により，
$$\begin{aligned} e &= Blv' \sin\theta \\ &= 2 \times 1 \times 10 \times \sin 45° \\ &= 2 \times 1 \times 10 \times 1/\sqrt{2} \\ &\fallingdotseq 14.2 \text{ V} \end{aligned}$$

5.4　コイルの回転による誘導起電力

図2 - 37のように，磁束密度 B [T] の一様な磁界中で，長さ l [m]，幅 D [m] の方形コイルが反時計方向に速度 v [m/s] で回転すると，ab及びcd辺では，それぞれ磁束を切るので，これらに起電力が誘導される。bc及びad辺では磁束に対して平行に運動していることになり，起電力は誘導しない。いま，ab及びcd辺で，その誘導される起電力の大きさ e_{ab}, e_{cd} [V] は，式（2 - 31）より，

$$e_{ab} = e_{cd} = Blv \sin\theta \quad \cdots\cdots (2 - 32)$$

となり，その誘導起電力の向きは，互いに同じ方向に加え合わさるようになるので，コイル全体について誘導される起電力 e [V] の大きさは，次のようになる。

$$e = e_{ab} + e_{cd} = 2Blv \sin\theta \quad \cdots\cdots (2 - 33)$$

$E_m = 2Blv$ とおくと，次のように表される。

$$e = E_m \sin\theta \quad \cdots\cdots (2 - 34)$$

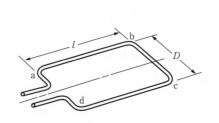 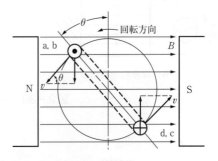

図2 - 37　コイルの回転による誘導起電力

このように，方形コイルが一様な磁界中で回転した場合に誘導される起電力は，その大きさと向きが回転角θの正弦に比例して変化する。この起電力のことを**正弦波交流起電力**という。

5.5 うず電流

　鉄，アルミニウムのような導体を磁束が貫いているとき，その磁束が変化するか，又は導体が運動すると，導体内部に電磁誘導作用によって起電力が誘導される。この起電力によって流れる電流は，導体内部をうず状に流れる。

　図2－38（a）のように，磁石を左の方向へ動かすと，「フレミングの右手の法則」によって，矢印の方向に電流が流れる。また，鉄心の中を通る磁束が変化する場合，鉄心内には「レンツの法則」に従って，図2－38（b）に示すような電流が流れる。このように，導体内部に流れる電流を**うず電流**という。

　うず電流が流れると導体内にジュール熱を発生し，導体の温度が上昇するので，熱損失となる。この損失を**うず電流損**という。交流機器のうず電流損を少なくするには，図2－38（b）のような厚みのある鉄心ではなく，図2－38（c）に示すように，絶縁された薄い鋼板（けい素鋼板）を積み重ねた積層鉄心を用いる。

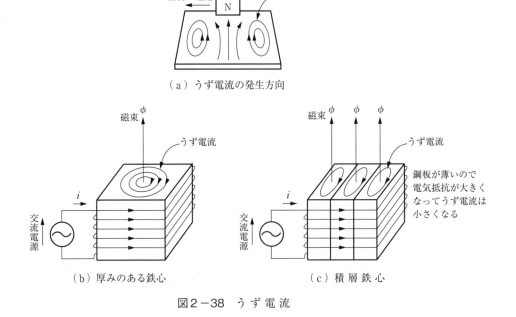

図2－38　うず電流

第6節　インダクタンス

6.1　自己誘導と自己インダクタンス

　コイルに電流を流すと磁束ができ，この磁束はコイルと鎖交する。ここでコイルに変化する電流を流すと，電流の変化に従ってコイルと鎖交する磁束も変化するので，コイルには「レンツの法則」によって，電流の変化を妨げる方向に誘導起電力が発生する。このようにして，外部からの磁界の変化でなくて，自分自身で作っている磁束の変化によって，コイル自体内に起電力を誘導する現象を**自己誘導**という。このとき発生する起電力は式（2－28）と同様に，

$$e = -\frac{\Delta \phi}{\Delta t}$$

である。ただし，ϕ は，**磁束鎖交数**（$=N\phi$，N：コイルの巻回数，ϕ：コイルを貫いている磁束）である。また，コイル電流 i が流れるとき，磁束鎖交数は i に比例するので，比例定数を L とすると，

$$\phi = Li \ [\text{Wb}] \quad \cdots\cdots\cdots\cdots\cdots\cdots\cdots\cdots\cdots\cdots\cdots\cdots\cdots\cdots\cdots (2-35)$$

となる。
　電流 i が Δt 秒間に，Δi だけ変化すれば，磁束鎖交数の変化は，

$$\Delta \phi = L\Delta i \ [\text{Wb}] \quad \cdots\cdots\cdots\cdots\cdots\cdots\cdots\cdots\cdots\cdots\cdots\cdots (2-36)$$

となる。したがって誘導起電力 e [V] は，

$$e = -L\frac{\Delta i}{\Delta t} \quad \cdots\cdots\cdots\cdots\cdots\cdots\cdots\cdots\cdots\cdots\cdots\cdots\cdots\cdots (2-37)$$

と表すことができる。この L を**自己インダクタンス**といい，単位には**ヘンリー**（henry，単位記号 [H]）を用いる。
　自己インダクタンス L の値はコイルの形，巻数及び磁路の透磁率などによって変化する。電流が1秒間に1Aの割合で変化したとき，コイルの誘導起電力が1Vとなるコイルの自己インダクタンスは1Hである。

〔例題16〕　自己インダクタンス 0.3H のコイルに流れる電流を 0.03 秒間に 2A 変化させたとき，コイルに誘導する起電力の大きさを求めよ。
（**解**）　式（2－37）より，コイルに誘導する起電力 e は，

$$e = -L\frac{\Delta i}{\Delta t}$$
$$= -0.3 \times \frac{2}{0.03}$$
$$= -20 \text{ V}$$

6.2 相互誘導と相互インダクタンス

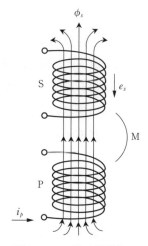

図2-39 相互誘導作用

図2-39のように，P，S二つのコイルを互いに接近させ，Pコイルに流れる電流が変化すると，Pコイルと鎖交する磁束も変化する。また，この磁束の一部はSコイルにも交わるから[10]，Sコイルにも誘導起電力が発生する。

このように，一方のコイルの電流が変化するとき，他方のコイルに起電力が誘導されるような現象を**相互誘導**という。いま，Pコイルの電流の変化をΔi_pとし，また，その変化によってSコイル（巻数N_s）を貫く磁束鎖交数の変化を$N_s\Delta\phi_s$とし，M［H］を比例定数とすれば，

$$N_s\Delta\phi_s = M\Delta i_p$$

$$M = \frac{N_s\Delta\phi_s}{\Delta i_p} \quad\quad\quad\quad\quad\quad\quad\quad\quad\quad\quad\quad\quad\quad (2-38)$$

である。また，Sコイルに生じる起電力e_s［V］は，$N_s\phi_s$の変化の割合に等しいから，

$$e_s = -N_s\frac{\Delta\phi_s}{\Delta t} = -M\frac{\Delta i_p}{\Delta t} \quad\quad\quad\quad\quad\quad\quad\quad\quad (2-39)$$

となる。

上式のMは，P，S両コイルの巻数や，形，相互間の配置及び周囲の物質の透磁率などによって定まるもので，**相互インダクタンス**といい，単位には自己インダクタンスと同じく，ヘンリー（henry，単位記号［H］）を用いる。一方のコイルに流れる電流が1秒間に1Aの割合で変化し，他のコイルに誘導する起電力が1Vのとき，相互インダクタンスは1Hである。

次に，図2-40のように，断面積S［m²］，磁路の平均長さl［m］，透磁率μの環状鉄心にPコイル（巻数N_p）及びSコイル（巻数N_s）を巻き，Pコイルに電流I_p［A］を流したとき，鉄心内にできる磁束ϕ_m［Wb］は式（2-20）より，

$$\phi_m = BS = \frac{\mu N_p I_p S}{l}$$

---

(10) Pコイルのつくる磁束ϕのうち，Sコイルにも交わる部分ϕ_sを**相互磁束**，その残りを**漏れ磁束**という。

である。したがって，式（2－38）より，次のようになる。

$$M = \frac{N_s \phi_m}{I_p} = \frac{\mu S}{l} N_p N_s \quad \cdots\cdots\cdots\cdots\cdots\cdots\cdots\cdots\cdots\cdots\cdots\cdots\cdots\cdots (2-40)$$

〔**例題17**〕二つのコイル間の相互インダクタンスが0.5Hであるとすれば，一方のコイルの電流が，0.1秒間に10Aから3Aに変化したとき，他のコイルに誘導する起電力の大きさを求めよ。

（**解**）式（2－39）より，他のコイルに誘導する起電力 e_s は，

$$\begin{aligned}
e_s &= -M \frac{\Delta i_p}{\Delta t} \\
&= -0.5 \frac{(3-10)}{0.1} \\
&= 35 \text{ V}
\end{aligned}$$

よって，e_s の大きさは，35Vとなる。

6.3 自己インダクタンスと相互インダクタンスの関係

図2－40のような環状コイルで，Pコイル，Sコイルについて各々の自己インダクタンスを L_1，L_2 [H] とすれば，

$$\left. \begin{array}{l} L_1 = \dfrac{\mu S N_p{}^2}{l} \\[6pt] L_2 = \dfrac{\mu S N_s{}^2}{l} \end{array} \right\} \quad \cdots\cdots\cdots\cdots\cdots\cdots (2-41)$$

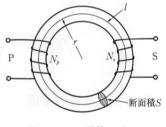

図2－40　環状コイル

と表され，またPコイル，Sコイル間の相互インダクタンス M [H] は，

$$M = \frac{\mu S}{l} N_p N_s \quad \cdots\cdots\cdots\cdots\cdots\cdots\cdots\cdots\cdots\cdots\cdots\cdots\cdots\cdots (2-42)$$

である。磁気回路の抵抗を R_m とすれば式（2－23）より，

$$R_m = \frac{l}{\mu S}$$

であるから，式（2－41），式（2－42）は，次のようになる。

$$\left. \begin{array}{l} L_1 = \dfrac{N_p{}^2}{R_m} \\[6pt] L_2 = \dfrac{N_s{}^2}{R_m} \end{array} \right\} \quad \cdots\cdots\cdots\cdots\cdots\cdots\cdots\cdots\cdots\cdots\cdots\cdots\cdots\cdots (2-43)$$

$$M = \frac{N_p N_s}{R_m} \quad \cdots\cdots\cdots\cdots\cdots\cdots\cdots\cdots\cdots\cdots\cdots\cdots\cdots\cdots\cdots\cdots\cdots\cdots\cdots (2-44)$$

したがって，これらの関係から L_1，L_2，M との間には，

$$L_1 L_2 = M^2$$

又は，

$$M = \sqrt{L_1 L_2} \quad \cdots\cdots\cdots\cdots\cdots\cdots\cdots\cdots\cdots\cdots\cdots\cdots\cdots\cdots\cdots\cdots\cdots (2-45)$$

の関係がある。

しかし，実際には3者の間には多少の漏れ磁束があるため，M の値は $\sqrt{L_1 L_2}$ よりいくぶん小さい値となり，

$$M = k\sqrt{L_1 L_2} \quad \cdots\cdots\cdots\cdots\cdots\cdots\cdots\cdots\cdots\cdots\cdots\cdots\cdots\cdots\cdots\cdots (2-46)$$

  ただし，$0 < k < 1$

となる。k はコイル間の結合の程度を表すもので，コイルの**結合係数**という。両コイル間を透磁率の大きい磁性体で密に結合すれば，$k \fallingdotseq 1$ とおいても差し支えない。

〔**例題18**〕 $L_1 = 400\text{mH}$ と $L_2 = 200\text{mH}$ の二つのコイルが同一ボビンに巻いてあり，この相互インダクタンスが 250mH であるとき，結合係数 k の値を求めよ。

（**解**） 式（2-46）より，

$$k = \frac{M}{\sqrt{L_1 L_2}} = \frac{250 \times 10^{-3}}{\sqrt{400 \times 10^{-3} \times 200 \times 10^{-3}}} \fallingdotseq 0.89$$

6.4 変圧器の原理

変圧器とは交流電圧を変える装置で，「本節6.2」で学んだ相互誘導作用を利用したものである。図2-41のように一次コイルと二次コイルからできており，一次コイルには交流電圧を加え，二次コイル側には負荷を接続する。

いま，理想変圧器[11]で一次側と二次側の電圧，電流，コイルの巻数との関係について調べてみよう。

両コイルの巻数比は，そのまま両コイルの電圧比として表れる。例えば，一次側コイルの巻数 N_1 を100回巻き，二次側コイルの巻数 N_2 を2 500回巻きとし，一次側コイルの両端に10Vの大きさの交流電圧を加えると，二次側コイルには**巻数比**[12]に比例した250Vの大きさの電圧が発生する。

---

(11) 理想変圧器とは，損失や漏れ磁束などを無視した変圧器のことである。

(12) $\dfrac{N_1}{N_2} = a$ この a を巻数比（turn ratio）という。

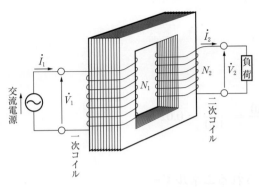

図2-41 変圧器

したがって,

$$\left.\begin{array}{l}\dfrac{N_1}{N_2}=\dfrac{V_1}{V_2}\\ \text{又は,}\\ N_1:N_2=V_1:V_2\end{array}\right\} \quad\cdots\cdots\cdots\cdots\cdots\cdots\cdots\cdots\cdots\cdots(2-47)$$

また,二次コイルに流れる電流の大きさは,巻数比$\left(=\dfrac{N_1}{N_2}\right)$に反比例する。したがって,

$$\dfrac{I_1}{I_2}=\dfrac{N_2}{N_1}=\dfrac{V_2}{V_1} \quad\cdots\cdots\cdots\cdots\cdots\cdots\cdots\cdots\cdots\cdots(2-48)$$

$$V_1:V_2=I_2:I_1 \quad\cdots\cdots\cdots\cdots\cdots\cdots\cdots\cdots\cdots\cdots(2-49)$$

となる。

　いま,一次側の電圧の大きさV_1が10V,二次側の電圧の大きさV_2が25Vの変圧器について考えてみると,一次側を流れる電流の大きさI_1が1Aのときは,二次側では式(2-48)より$I_2=0.4$Aの大きさの電流が流れていることになる。

　式(2-48)を変形してみると,$V_1I_1=V_2I_2$となっていることが分かる。これは一次コイルに入った電力が,二次コイルの負荷で全て消費されることを意味している。実際の変圧器はコイルのジュール損や鉄心中の損失,また漏れ磁束などがあって,式(2-48)が正しくは成り立たない。

〔**例題19**〕巻数比がn_1/n_2が2.5の変圧器で,一次側の電圧の大きさが100Vのときの二次側の電圧の大きさを求めよ。また,二次側を流れる電流の大きさが0.05Aのとき,一次側を流れている電流の大きさをの値を求めよ。

(**解**)　式(2-47)より,

$$2.5 = \frac{100}{V_2} \quad \therefore V_2 = \frac{100}{2.5} = 40\text{V}$$

式（2 − 48）より，

$$\frac{I_1}{0.05} = \frac{40}{100}$$

$$I_1 = \frac{0.05 \times 40}{100} = \frac{2}{100} = 0.02\text{ A}$$

6.5 コイルに蓄えられるエネルギー

図 2 − 42 のように，自己インダクタンス L のコイルに V [V] の電圧を急に加えると，流れる電流 i はすぐには V/R [A] の値にならず，0 から徐々に電流が増加して最終的に V/R [A] になる。これは，コイルに流れる電流 i [A] が変化すると，自己インダクタンス L [H] のコイルには，電流の変化を妨げるような方向に誘導起電力 v_L [V] が誘導されるからである。

そこで，抵抗 R [Ω] の値を非常に小さくすると，電流 i はほぼ直線状に変化し増加するので，誘導起電力 v_L [V] は図 2 − 43 のように一定値になる。

$$v_L = L\frac{\Delta i}{\Delta t} = L\frac{I}{T}\text{（一定値）} \quad\cdots\cdots\cdots\cdots\cdots\cdots\cdots\cdots\cdots\cdots\text{（2 − 50）}$$

この誘導起電力に打ちかって電流 i を流すためには，誘導起電力と同じ大きさの電圧を加えなければならない。したがって，電源から供給する電力 p [W] は，

$$p = v_L i = \left(L\frac{I}{T}\right)i \quad\cdots\cdots\cdots\cdots\cdots\cdots\cdots\cdots\cdots\cdots\cdots\cdots\text{（2 − 51）}$$

すなわち，電源から供給された電気エネルギーが，**磁気エネルギー**としてコイルに蓄えられ

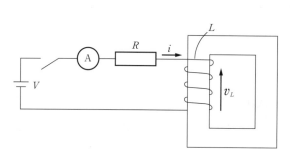

図 2−42 誘導起電力

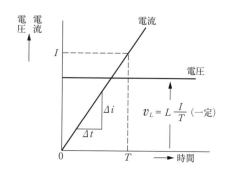

図 2−43 一様な電流の変化率による誘導起電力

る。図2-44に示すようにT秒後，電流がI〔A〕になったときに蓄えられる磁気エネルギーは，△OABの面積に等しい。

したがって，磁気エネルギーW〔J〕は，

$$W = \frac{1}{2}PT = \frac{1}{2}\left\{\left(L\frac{1}{T}\right)I\right\}T$$

$$= \frac{1}{2}LI^2 \quad \cdots\cdots\cdots\cdots (2-52)$$

となる。

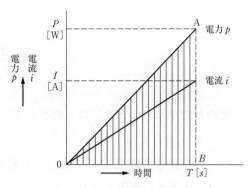

図2-44 コイルに蓄えられるエネルギー

第2章のまとめ

　この章で学んだことは，以下のとおりである。

（1）　磁気的影響を受けている空間を磁界といい，その強さと方向は，磁界中に置いた＋1Wbの磁極に作用する力によって定められる。

（2）　磁界の状態を分かりやすくするために，磁力線を用いる。また，磁力線密度［本/m²］と磁界の強さ［A/m］は等しい。

（3）　磁力線が磁界の状態を表すのに対し，磁性体の磁化の状態を表すのに磁束が用いられる。磁束と磁力線の間には，磁力線数×μ＝磁束［Wb］という関係がある。また，磁束密度［T］と磁界の強さの間には，$B=\mu H$という関係が成立する。

（4）　導線に一定方向の電流を流すと，「アンペアの右ねじの法則」に従った磁界が発生する。

（5）　電気回路と磁気回路を比較すると，起電力E：起磁力F，電流I：磁束ϕ，電気抵抗R：磁気抵抗R_mという対応が考えられる。

（6）　磁界中に置かれた導線に電流を流すと，「フレミングの左手の法則」に対応した方向に電磁力が発生する。また，磁界中に置かれた導体を動かすと，「フレミングの右手の法則」に対応した方向に起電力が発生する。

（7）　コイル内を貫く磁束が時間的に変化すると，コイルに起電力が発生する。

（8）　コイルには自己誘導作用があり，コイルに流れる電流が変化すると，その電流の変化を妨げる方向に誘導起電力が発生する。また，互いに接近させたコイル間には相互誘導作用があり，一方のコイルの電流変化に比例した起電力が他方に発生する。

（9）　変圧器の巻数比と電圧比及び巻数比と電流比は，次のとおりである。

$$\frac{N_1}{N_2}=\frac{V_1}{V_2}, \quad \frac{N_1}{N_2}=\frac{I_2}{I_1}$$

第2章 練習問題

1. 真空中において4×10^{-4}Wb の N 極と，2×10^{-4}Wb の S 極を 10cm 離れた所に置いたとき，両磁極間に作用する力の大きさと方向を求めよ。

2. 真空中において5×10^{-4}Wb の磁荷から 5cm 離れた点の磁界の強さを求めよ。

3. 磁性体の磁化の状態を示すヒステリシス・ループは，横軸に ア を，縦軸に イ をとって描かれる。ループの面積は ウ に比例する。

4. 面積 10cm^2，磁路の長さ 10cm の環状鉄心に，0.5Wb の磁束を通すのに必要な起磁力を求めよ。
   ただし，鉄心の比透磁率は 1 000 とする。

5. 磁束密度 0.1T の一様な磁界中に長さ 30cm の導体を磁界と垂直に置き，これに 50A の電流を流した。導体に働く力を求めよ。

6. 100 回巻きコイルに 0.02 秒間に 0.05Wb だけ減少する磁束の変化を与えたとき，コイルに誘導する起電力の大きさを求めよ。

7. 磁束密度が 1.2T の一様な磁界に長さ 50cm の導体を磁界の方向と垂直に置き，これを 3 m/s の速度で磁界と 60° の角をなす方向に動かした。このときの起電力を求めよ。

8. 自己インダクタンス 10mH のコイルに流れる電流を 0.01 秒間に 6A 変化させたとき，コイルに誘導する起電力の大きさを求めよ。

9. コイル A とコイル B の相互インダクタンスが 1mH である。コイル A を流れる電流が毎秒当たり 150mA の変化をするとき，コイル B に誘導する起電力の大きさを求めよ。

10. $L_1 = 0.3$H，$L_2 = 0.2$H の二つのコイルが同一ボビンに巻いてあり，この相互インダクタンスが 0.05H であるとき，結合係数の値を求めよ。

第2章 演習問題

1. 上下運動をしているUFOから大きさ 2×10 μWbの等しい磁極を10cm離れておかれた。磁極間に作用する力の大きさと方向を求めよ。

2. 真空中に 2.5×10^{-7} Wbの磁極から0.6cmの所の磁界の強さを求めよ。

3. 磁束密度の単位をボルト・秒・メートルで表せば、順に ア・イ・ウ で表わされる。また、その逆関係は ア・ウ に比例する。

4. 断面積 10cm²、長さが10cmの鉄心には、0.8Wbの磁束を通すのに要する起磁力を求めよ。ただし、鉄心の透磁率は1500とする。

5. 断面積 0.1 Tの一様な磁束密度中に5.5cmの導体を磁束と垂直に置き、これに120Aの電流を流した時、導体に働く力を求めよ。

6. 100回巻きコイルに0.02秒間に0.05V/sの割合で生ずる磁束の変化量はどれだけか。また誘導される起電力の大きさをしめよ。

7. 鉄心を用いたソレノイド状電磁石に巻いた100回のコイルの電流が0.1秒間に、2Aから4Aの変化で誘導される起電力が10Vであったという。このときの自己インダクタンスを求めよ。

8. 自己インダクタンス100mHのコイルにある電流を0.01秒間に2A変化させたとき誘起される起電力の大きさを求めよ。

9. 一次コイル,二次コイル共1000回巻きでインダクタンス5Hの結合変圧器に、1200Vの交流電圧を加えたとき、一次側に誘導される起電力の大きさを求めよ。

10. 巻き数 $N_1=400$, $N_2=1000$のコイルが同一鉄心に巻かれている。一次側に $N_1=2$ Aの電流を通じたとき二次側の磁束を求めよ。

第3章
静 電 気

　第1章，第2章では，電流が流れると発熱作用，化学作用，磁気作用などが生じることを学んだ。これらの回路では，電圧が抵抗などの導体に印加され，電荷が移動している状態を扱ってきた。一方，電圧が絶縁体に印加されると電荷は移動経路がなく静止状態となり，静電現象が現れる。

　この章では，静電現象について調べ，静電誘導，雷現象，「クーロンの法則」，電界，電位について理解を深める。さらに，一般に広く用いられているコンデンサの静電容量とその扱い方，静電エネルギー，絶縁破壊，放電現象を学ぶ。

第1節　電界の性質

1.1　摩擦電気

　2種類の電気を通さない物体（**絶縁体**）を摩擦すると電気が生じるが，そのとき物体が正に帯電するか，負に帯電するかは摩擦される物体の種類によって決まる。
　例えば，①毛皮，②鉛ガラス，③マイカ，④紙，⑤絹，⑥木材，⑦金属，⑧硫黄，⑨エボナイトのうち，任意の二つを取り出して摩擦すると，序列の上位（番号の小さい）の物質に正の電気を生じ，下位（番号の大きい）の物質に負の電気を生じる。また，序列の差が大きいものほど帯電の強さ（量）も大きくなる。このような方法で生じた電気のことを**摩擦電気**といい，絶縁体間の摩擦帯電に関する配列を**摩擦帯電列**という。

1.2　静電誘導

　図3－1において，Aを導体としてこれに正に帯電している物体（帯電体）Bを近づけると，物体Aには帯電体Bに近い左端の表面に負の電気が現れ，反対側の表面には正電気が現れる。このようにして，ある帯電された物体をほかの物体に近づけることによって，電気的には中性の状態であった物体に電気を誘導させることができる。このとき物体Aに生じる電気は，帯電体Bに近い面には帯電体の持っている電気と異種の電気が現れ，遠い側には同種の電気が誘導される。そして物体Bを遠ざけると物体Aはもとの中性状態に戻る。このような現象を**静電誘導**という。

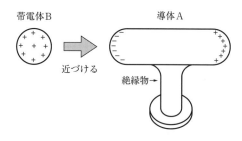

図3－1　静電誘導

1.3 検電器

検電器とは，電荷の有無や電荷の正負などを調べるときに用いる簡単な装置である。図3－2は，**はく検電器**の構造を示したものである。密閉したガラス瓶の中に金属棒を入れ，その端に短冊形の2枚の薄いすずはくA，Bを向かい合わせて取り付ける。また，金属棒の上部には金属円板が取り付けてある。

はく検電器の金属円板に図3－3（a）のように，負の帯電体を近づけると，静電誘導作用によって金属円板に正電荷，反対側の2枚のすずはくの部分には負電荷が生じるので，2枚のすずはくA，Bは互いに反発して開く。次に図3－3（b）のように，金属円板を指先で触れると，すずはくの負の電荷は，人体を通して大地に逃げるからすずはくはもとのように閉じる。このとき，金属円板の正電荷は，帯電体の負電荷の拘束(こうそく)を受けて動けない。指先を円板から離し，帯電体を取り除くと，金属円板の表面に拘束されていた正電荷は，解放されて図3－3（c）のように，すずはくのほうにも伝わり，再びすずはくは開いた状態になる。

次に，任意の検電をしようとする帯電体を金属円板に近づけると，もし帯電体が正に帯電していると，図3－3（d）のように，すずはくはさらに大きく開きを増すが，負に帯電していると，図3－3（e）のようにすずはくの開きは減少する[1]。これによって帯電状態を検査することができる。

図3－2　はく検電器

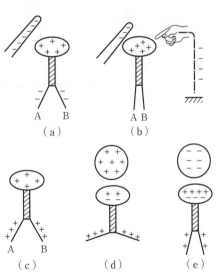

図3－3　はく検電器による検電法

---

(1) 図3－3（d）は，帯電体を円板に近づけると，円板の正電荷はすずはくのほうに追いやられるので，すずはくはいっそう開く。図3－3（e）では，すずはくの正電荷は円板のほうに移動するので，すずはくの開きは小さくなる。

1.4 雷現象

　フランクリンは，1752年たこあげの実験によって落雷が放電現象であることを証明した。この現象は図3-4のように，積乱雲の中に地上からの上昇気流が吹き上げられ，雲の上部が大きく広がってくずれ始めると，上部には正電荷，底部には負電荷が蓄えられるものであることが分かっている。この雲が地表面に接近してくると，静電誘導作用でその雲の下に当たる大地には，その反対の電荷が誘導され，互いに電荷量が大きくなるとついに正負両電荷が空気の絶縁を破って火花を飛ばす。このような現象は雲と大地間だけでなく，雲と雲との間でも起こる。放電路の長さは約1kmから5kmにもわたり，そのときの推測電圧は，2億Vから10億Vにもなる場合もあると考えられている。このように雷は一種の大規模な静電誘導作用の結果起こる放電現象である。

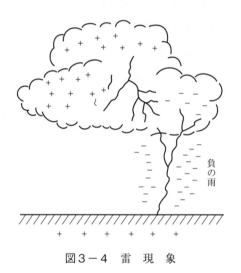

図3-4　雷　現　象

1.5　クーロンの法則

　絹布で摩擦した2本のガラス棒は互いに反発し，絹布とガラス棒は吸引する。ガラス棒は正電荷を，絹布は負電荷を帯びているので，同種類の電荷は反発し，異種の電荷は吸引することが分かる。
　電荷の間に働く吸引力や反発力の大きさは，フランスの物理学者クーロンが1785年に明らかにした。クーロンは図3-5（a）のような実験装置をつくり，帯電体Aを帯電体Bに近づけたときのつり糸のねじれの角度から帯電体間に働く電気力を測定し，次の関係を証明した。

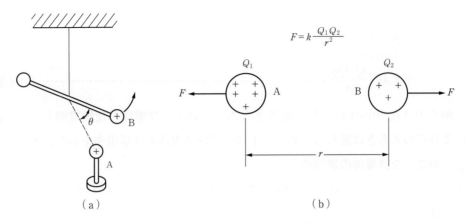

図3−5　クーロンの実験と法則

図3−5（b）のように，「二つの帯電体の間に働く力の方向は，両電荷を結ぶ線上にあり，その大きさは電荷量の積に比例し，距離の2乗に反比例する」。この関係を「**クーロンの法則**」という。

すなわち，二つの電荷[2]を Q_1 [C]，Q_2 [C]，その間の距離を r [m] としたとき，両電荷間に働く力 F [N] は，次のようになる。

$$F = k\frac{Q_1 Q_2}{r^2} \quad\cdots\cdots\cdots\cdots\cdots\cdots\cdots\cdots\cdots\cdots\cdots\cdots\cdots\cdots\cdots\cdots(3-1)$$

ここに，k は比例定数で，真空中では，

$$k = \frac{1}{4\pi\varepsilon_0} \fallingdotseq 9 \times 10^9 \quad\cdots\cdots\cdots\cdots\cdots\cdots\cdots\cdots\cdots\cdots\cdots\cdots(3-2)$$

である。また，ε_0（イプシロン・ゼロと読む）は**真空中の誘電率**の量記号を表し，単位はファラド毎メートル（farad per meter，単位記号 [F/m]）を用いる。その値は，8.854×10^{-12} F/m である（Fはファラドと読む。これは「本章第2節」で出てくる静電容量の単位である）。式（3−2）を式（3−1）に代入すれば，次のようになる。

$$F = \frac{Q_1 Q_2}{4\pi\varepsilon_0 r^2} \fallingdotseq 9 \times 10^9 \frac{Q_1 Q_2}{r^2} \quad\cdots\cdots\cdots\cdots\cdots\cdots\cdots\cdots\cdots\cdots(3-3)$$

いま，1Cの電荷をもった2個の点電荷を真空中で1mの距離に置けば，その間に働く力は 9×10^9 N になる。

式（3−3）は真空中における場合で，同一電荷，同一距離であっても，その間に存在する物質の種類により，働く力の大きさが異なってくる。

いま，帯電体が絶縁体（誘電体ともいう）の中に存在する場合，式（3−3）は，

---

(2) 帯電体を点とみなして，電荷のみをもつ理想粒子のモデルを**点電荷**という。「クーロンの法則」は，点電荷の間に成立する法則である。

$$F = \frac{Q_1 Q_2}{4\pi\varepsilon_0\varepsilon_s r^2}$$

$$= 9 \times 10^9 \frac{Q_1 Q_2}{\varepsilon_s r^2} \quad \cdots\cdots\cdots\cdots\cdots\cdots\cdots\cdots\cdots\cdots\cdots\cdots\cdots (3-4)$$

となり,働く力は真空中の $1/\varepsilon_s$ 倍の強さとなる。この ε_s を**誘電体の比誘電率**といい,誘電体の種類によりその大きさは異なる。表3－1は,各種誘電体の比誘電率を示したものである。$\varepsilon = \varepsilon_0\varepsilon_s$ のことを**誘電体の誘電率**という。

誘電率を用いると,「クーロンの法則」は,式（3－3）で ε_0 の代わりに $\varepsilon = \varepsilon_0\varepsilon_s$ で置き換えた次の式になる。

$$F = \frac{Q_1 Q_2}{4\pi\varepsilon_0\varepsilon_s r^2} = \frac{Q_1 Q_2}{4\pi\varepsilon r^2} \quad \cdots\cdots\cdots\cdots\cdots\cdots\cdots\cdots\cdots\cdots (3-5)$$

なお,正の値のときは反発力を,負の値のときは吸引力を表す。

表3－1 物質の比誘電率

物　質	比誘電率(ε_s)	物　質	比誘電率(ε_s)	物　質	比誘電率(ε_s)
真空	1	雲母	5～8	変圧器油	2.2～2.4
空気	1.000 59	木材	2.5～7	石油	2.2～2.3
酸素	1.000 55	紙	2～2.5	水	81.56
水素	1.000 26	磁器	約6	酸化チタン	100
エボナイト	2.7～2.9	ゴム	2.9	アルコール	25～33
パラフィン	1.9～2.2	シェラック	2.7～3.7	ベークライト	5～10
石英ガラス	4	絶縁ワニス	5～6	けい素樹脂	8

〔例題1〕 真空中（空気中）に2個の金属小球が中心間距離10cmで離れて置いてある。両球の電荷をそれぞれ 1.7×10^{-9} C, -3.3×10^{-9} Cとすると,両球間に働く力はいくらか。

（解） 式（3－3）より,

$$F = 9 \times 10^9 \frac{Q_1 Q_2}{r^2}$$

$$= 9 \times 10^9 \frac{1.7 \times 10^{-9} \times (-3.3) \times 10^{-9}}{(0.1)^2}$$

$$\fallingdotseq -5 \times 10^{-6} \text{ N}$$

よって,5×10^{-6} Nの吸引力が働く。

1.6 電　界

前項では,二つの帯電体間には互いに力が働くことを学んだ。図3－6のような,一つの帯

電体が置かれていると，その周囲の空間には電気的な力が働き，ここに帯電した他の物体がくるとそれに力を及ぼす。この力を及ぼす範囲を**電界**といい，電荷が静止している場合の電界を**静電界**という。

ある電界内に単位正電荷（+1C）をおいたとき，その単位正電荷に作用する力を**電界の強さ**，その力の方向を**電界の方向**と定めている。

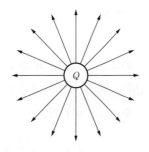

図3-6 帯電体周囲の電界

一般に電界の強さを表す量記号は E，単位はボルト毎メートル（volt per meter，単位記号 [V/m]）を用いて，その方向は矢印で表示する。

図3-7において，真空中に置いた $+Q$ [C] の電荷から r [m] 離れたP点の電界の強さ E [V/m] は，P点に +1C の点電荷をもってきたとき，その電荷に働く力を計算すればよいので，

$$E = \frac{Q \times 1}{4\pi\varepsilon_0 r^2} = 9 \times 10^9 \frac{Q}{r^2} \quad \cdots\cdots\cdots\cdots\cdots\cdots\cdots\cdots\cdots\cdots\cdots\cdots(3-6)$$

となる。

電界の強さの単位は，定義から導けば [N/C] が合理的なようであるが，実際には [V/m] を用いる[3]。

図3-8のように，二つの点電荷による任意の1点Pにおける電界は，$+Q_1$ による電界 E_1 と $+Q_2$ による電界 E_2 の和になる。ここで注意しなければならないことは，E_1, E_2 ともベクトル量であるから，その合成 E は，図示のようにベクトル和となることである。多数の点電荷による電界も同様に求めることができる。

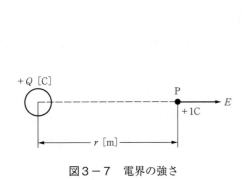

図3-7 電界の強さ

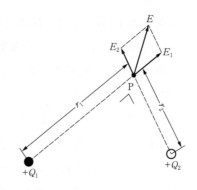

図3-8 2個の点電荷による合成電界

---

(3) 電界の強さの単位 [N/C] と [V/m] との関係は，以下のとおりである。

$$[N/C] = \frac{[N][m]}{[C][m]} = \frac{[J]}{[C][m]} = [V/m]$$

〔例題2〕 真空中において，R [m] 離れた2点A，Bにそれぞれ Q [C]，$-Q$ [C] の点電荷がある。A，Bを結ぶ直線上で，AからBの方向に r [m] 離れたP点の電界の強さを求めよ。ただし，$R > r$ とする。

(解) 図3-9のように，P点に生じる $+Q$ [C] による電荷を E_A，$-Q$ [C] による電界を E_B とすれば，

$$E_A = \frac{Q}{4\pi\varepsilon_0 r^2}$$

$$E_B = \frac{-Q}{4\pi\varepsilon_0 (R-r)^2}$$

よって，P点の合成電界 E [V/m] は，

$$E = E_A - E_B = \frac{Q}{4\pi\varepsilon_0}\left[\frac{1}{r^2} + \frac{1}{(R-r)^2}\right]$$

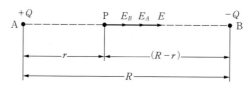

図3-9 例題2のP点の電界の強さ

1.7 電気力線

「第2章第1節1.6」では，磁界を理解しやすくするために磁力線を考えた。これと同様に，電界にも力線を仮想し，これを**電気力線**という。

図3-10は，種々の電荷が存在するときの電気力線の分布状態を示したものである。電気力線には次のような性質がある。

① 電気力線上の任意の1点に引いた接線の方向が，その点の電界の強さの方向となる。
② 電気力線は，正電荷から出て負電荷に終わる。正，又は負電荷だけである場合は，無限に遠いところに等量の負，又は正電荷があるものと考え，電気力線はもとの電荷から放射状に周囲に広がる（又は周囲から集まる）。
③ 電界中の任意の点における電気力線の密度は，その点の電界の強さを表す。したがって，電界の強さ E [V/m] の点では，その点の電界の方向と直角な単位面積 $1\,\mathrm{m}^2$ 当たり，E 本の電気力線が貫く。
④ 電気力線は，ゴム糸のような張力があり，常に縮まろうとする。
⑤ 二つの電気力線は，交わらない。

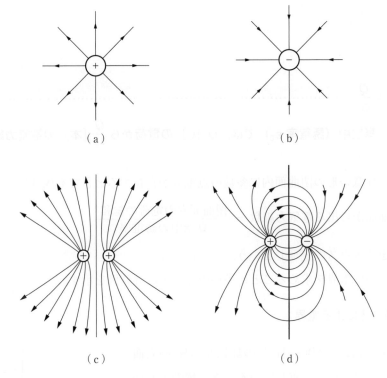

図3-10 点電荷による電気力線

⑥ 電気力線は，閉じた曲線にはならない。
⑦ 電気力線は，電位の高いところから低いところに向かう。
⑧ 電気力線は，導体表面に対して垂直に出入する。

1.8 ガウスの定理

真空中の1点に点電荷 Q [C] を置き，これを中心として，半径 r [m] の球面を考えてみる。球の表面上の点Pの電界の強さ E [V/m] は，

$$E = \frac{1}{4\pi\varepsilon_0}\frac{Q}{r^2}$$

である。球の表面上の電界の強さはどの点も同じで，方向は球表面に垂直である。また，電気力線の密度も，球表面上ではどの点も等しいから，Q [C] から出ている電気力線数を N [本] とすれば，電気力線の密度は，

$$\frac{N}{球の表面積} = \frac{N}{4\pi r^2} \text{ [本/m}^2\text{]} \quad \cdots\cdots\cdots\cdots\cdots (3-7)$$

となる。電界の強さ E [V/m] は，電気力線の密度で表されるから，

$$\frac{1}{4\pi\varepsilon_0}\frac{Q}{r^2} = \frac{N}{4\pi r^2}$$

したがって，

$$N = \frac{Q}{\varepsilon_0} \quad \cdots\cdots\cdots\cdots (3-8)$$

このように，**真空中（誘電率 ε_0）では，Q [C] の電荷から $\frac{Q}{\varepsilon_0}$ [本] の電気力線が放射状に出る。**

この関係は，任意の形の閉曲面内に多数の点電荷が存在するときでも成り立つもので，

$$閉曲面から出る電気力線数 = \frac{閉曲面内の電荷の総和}{真空中の誘電率}$$

となる。これを「ガウスの定理」という。

この定理を用いて電界を求めることが多いので，次に計算例を示す。

(1) 球状帯電体による電界

図3-11のように，半径 a [m] の球状導体 S_1 の表面に Q [C] の電荷が一様に分布しているとき，球の中心から r [m] 離れたP点（$r > a$）の電界の強さを求めてみよう。

P点を含み，半径 a [m] の球 S_1 と同じ中心をもつ閉曲面 S_2 を考えてみると，球 S_2 の表面から垂直に電気力線は出ることになり，球 S_2 の表面上の電気力線の密度は一定となる。

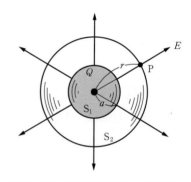

図3-11 球状帯電体による電界の求め方

そこで，P点の電気力線の密度（P点の電界の強さ）を E [V/m] とすれば，「ガウスの定理」から，

$$\underbrace{E \times 4\pi r^2}_{（電気力線数）} = \frac{1}{\varepsilon_0} \times \underbrace{Q}_{（電荷の総和）} \quad \cdots\cdots (3-9)$$

となる。したがって，次のようになる。

$$E = \frac{Q}{4\pi\varepsilon_0 r^2} \quad \cdots\cdots\cdots\cdots (3-10)$$

(2) 無限長円筒状帯電体による電界

図3-12のように，無限に長い半径 a [m] の円筒状導体Aの表面に一様に1m当たり Q [C] の電荷が分布しているとき，円筒の中心から r [m] 離れたP点（$r > a$）の電界の強さ

を求めてみよう。

半径 a [m] の帯電体 A と同じ中心軸をもつ長さ 1 m, 半径 r [m] の円筒 B を考えてみると, 帯電導体内部の電界は 0 V/m なので, 電気力線は B の側面から放射状に出ている。

そこで, 円筒 B の閉曲面について,「ガウスの定理」をあてはめてみる。

P 点を含む円筒側面上では, 電気力線の密度すなわち電界の強さ E [V/m] は一定である。したがって, 次のようになる。

$$E \times \underbrace{2\pi r \times 1}_{（側面積）} = \frac{Q}{\varepsilon_0}$$

$$\therefore E = \frac{Q}{2\pi\varepsilon_0 r} \quad\cdots\cdots\cdots\cdots\cdots\cdots\cdots\cdots\cdots\cdots\cdots\cdots\cdots\cdots\cdots\cdots\cdots\cdots (3-11)$$

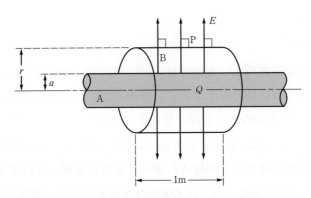

図 3－12　無限長円筒状帯電体による電界

1.9　電位と電位差

図 3－13 に示すように, 床より高さ h [m] のところに静止している物体 W には, 下のほうに重力が作用しているので, その位置に物体 W を静止させておくためには, 物体 W の重さにつり合う力 F で引っ張っていなくてはならない。このような場合, 物体 W は質量を m, 重力の加速度を g[4] とすれば, mgh の位置エネルギーを有する。これと同じように, 静電界でも電気的位置エネルギーを考えることができる。

---

(4)　$g = 9.8$ m/s^2。1 kg の物体に働く重力は $F = mg = 9.8$ N である。

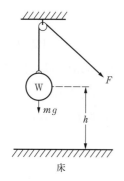

図3-13　物体の位置エネルギー　　　　図3-14　電界中の1点における電位

　図3-14において，径 R の導体球が $+Q$ [C] の電荷をもち，真空中で固定されているとする。球の中心から r だけ離れた P 点の電界の強さ E_P [V/m] は，式（3-6）より，次のようになる。

$$E_P = \frac{Q}{4\pi\varepsilon_0 r^2}$$

　いま，この P 点に単位正電荷 1 C をおけば，「クーロンの法則」によって，矢印方向に E_P と数値的に等しい大きさの反発力を受ける。したがって，この単位電荷を P 点で保持するためには，E_P に等しい反対方向の力（矢印と反対方向の力）を加える必要がある。また両点の距離 r が無限大（∞）の点では，$E = 0$ となり，このとき単位正電荷に働く力も 0 になる。

　無限に遠い地点（電界の強さが 0 の場所）から，単位正電荷 +1 C を電界から受ける力に反抗しながら，その点までもってくるのに必要な仕事量をその点の**電位**といい，単位には**ボルト**（volt，単位記号 [V]）を用いる。

　図3-14の場合の P 点の電位 V [V] は，

$$V = \frac{Q}{4\pi\varepsilon_0 r} \quad\cdots\cdots\cdots\cdots\cdots\cdots\cdots\cdots\cdots\cdots\cdots\cdots (3-12)$$

となる。この式から明らかなように，この場合の電位は，半径 R の球からの距離に反比例するので，距離 r を変化させたときの電位の変化は，図3-15のようになる。2点の電位の差，例えば P 点の電位 V_r と帯電体表面の電位 V_R との差を**電位差**という。

　この電位差を V_{Rr} [V] とすれば，

$$\begin{aligned}V_{Rr} &= V_R - V_r \\ &= \frac{Q}{4\pi\varepsilon_0}\left(\frac{1}{R} - \frac{1}{r}\right)\end{aligned} \quad\cdots\cdots\cdots\cdots\cdots\cdots\cdots (3-13)$$

となる。以上は $+Q$ [C] の帯電球の電位について考えてきたが，$-Q$ [C] の帯電体の場合には，$+Q$ [C] の場合に求めた電位の値に負記号を付ければよい。

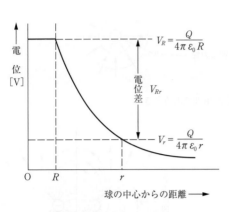
図3−15 導体球の電位分布

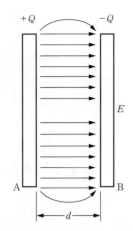
図3−16 平行板間の電界

図3−16のような距離d[m]を隔てた平行板A，Bに，$+Q$[C]，$-Q$[C]の電荷を与えた場合，平行板間にE[V/m]の電界ができているとする。そのときA，B間の電位差はどのようになるだろうか。

A，B間の電位差は，$+1$Cの電荷を両電極間d[m]だけ運んだときの仕事量に等しい。いま，電極板Bの表面から力E[N]に反抗しながらd[m]移動させ，電極板Aに達したとすれば，その間の仕事量はEdである。したがって，この電位差をV[V]とすれば，次のようになる。

$$V = Ed$$

$$\therefore E = \frac{V}{d} \quad \cdots\cdots\cdots\cdots\cdots\cdots\cdots\cdots\cdots\cdots\cdots\cdots\cdots\cdots\cdots\cdots\cdots\cdots\cdots\cdots (3-14)$$

上式の右辺は，電界の強さEの単位が[V/m]で表すことを示しており，電界の強さの単位に[V/m]を用いてきたのは，この関係をもとにしたものである。

〔例題3〕 真空中で半径5cmの球状導体に5×10^{-9}Cの電荷を与えたときの球表面の電位を求めよ。

（解）式（3−12）より，

$$V = \frac{Q}{4\pi\varepsilon_0 r} = 9 \times 10^9 \frac{5 \times 10^{-9}}{5 \times 10^{-2}} = 9 \times 10^2 \text{ V}$$

1.10 等電位面

電界内で電位の等しい点を連ねてできる面を**等電位面**という。図3−17は等電位面の一例である。また，等電位面の性質は，次のとおりである。

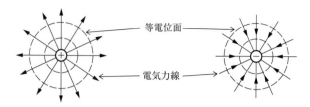

（a）電荷が単独であるとき

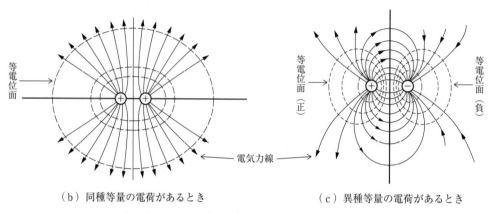

（b）同種等量の電荷があるとき　　　（c）異種等量の電荷があるとき

図3－17　等電位面（点線は等電位面の切口を示す）

① 電位の異なる二つの等電位面は，交わらない。
② 電気力線と等電位面は，垂直に交わっている。
③ 電界は，等電位面相互の隔たりの狭い場所ほど強い。
④ 導体の表面は，等電位面である。
⑤ 大地の電位は，ゼロ等電位面と考える。

いくつかの帯電体による1点の電位は，個々の帯電体による電位を各々に加え合わせればよい。なお，電位は向きをもたない（このことを「電位はスカラー量」という）から，これらの計算は簡単な代数和になる。すなわち，図3－18において，電荷 Q_1 [C]，Q_2 [C]，Q_3 [C] によるP点の電位をそれぞれ V_1 [V]，V_2 [V]，V_3 [V] とすればP点の電位 V は，次のようになる。

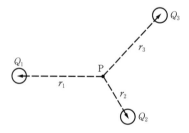

図3－18　3つの帯電体周辺の電位

$$V = V_1 + V_2 + V_3$$
$$= \frac{1}{4\pi\varepsilon_0}\left(\frac{Q_1}{r_1} + \frac{Q_2}{r_2} + \frac{Q_3}{r_3}\right) \quad\cdots\cdots\cdots\cdots\cdots\cdots\cdots (3-15)$$

1．11　静電遮へい

　図3－19（a）のように導体A，導体Bを置き，導体Aに正電荷を与えると，導体Bには誘導電荷が現われ，導体Bは導体Aによって静電的な影響を受ける。ここで，図3－19（b）のように導体Aを導体Cで囲み，導体Cを大地へ接続（接地）すると，導体Cの内側表面には負電荷，導体Cの外側表面に正電荷が誘導されるが，導体Cの外側表面の正電荷は大地へ逃れるので，導体Bは導体Aの影響を受けない。このように導体Cの存在によって，導体Aと導体Bを静電的に無関係にすることを**静電遮へい**又は**静電シールド**といい，通信機器や測定器などの静電誘導作用を防止するために用いられている。

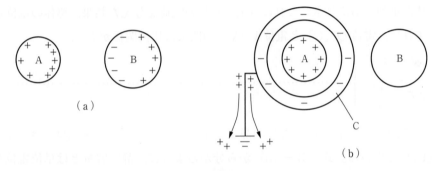

図3－19　静電遮へい

第2節 コンデンサ[(5)]

2.1 静電容量

導体球や平行におかれた2枚の導体板などは，電荷を蓄える性質がある。そのとき蓄えられる電荷の量は，それらの置かれた周囲の媒質や，導体の形などによって異なる。そこで，電荷を蓄える能力の大小を示すために静電容量が定義されている。

（1）導体球の静電容量

1個の導体が単独にあるとき，これに $+Q$ [C] の電荷を与えた結果，導体の電位が V [V] になったとすれば，電荷 Q [C] と電位 V [V] の間には比例関係があり，

$$Q = CV$$
$$\therefore C = \frac{Q}{V}$$ ……………………………………………………………… (3 − 16)

で表される。このときの定数 C は導体の静電容量の量記号を表し，単位は**ファラド**（farad，単位記号 [F]）を用いる。式（3 − 16）から分かるように，静電容量とは単位電位を与えたとき，導体が電荷をどれくらい蓄積することができるかを表している。1 V の電圧を与えたとき，導体に蓄えられる電荷が 1 C であると，その導体の静電容量は 1 F である。実用上では，1 F の静電容量は大きすぎるので，実用単位としてはマイクロファラド（micro farad，単位記号 [μF]），ピコファラド（pico farad，単位記号 [pF]）を用いる。

$$1\ \mu F = 10^{-6}\ F$$
$$1\ pF = 10^{-6}\ \mu F = 10^{-12}\ F$$

図 3 − 20 において，真空中においた半径 R [m] の球体の導体の静電容量について考えてみる。いま，この導体に $+Q$ [C] の電荷を与えると，表面の電位は式（3 − 12）により，

$$V = \frac{Q}{4\pi\varepsilon_0 R}$$

となり，静電容量 C は式（3 − 16）により，

$$C = \frac{Q}{V} = 4\pi\varepsilon_0 R = \frac{1}{9\times 10^9}R \cdots\cdots (3-17)$$

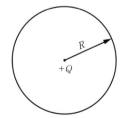

図 3 − 20　導体球の静電容量

---

(5) キャパシタともいう。

になる。仮に，地球を充電した場合を考えて静電容量を求めてみると，地球の半径 $R=6\,000$ km と考えて，次のようになる。

$$C = 4\pi\varepsilon_0 R = 6\times 10^6/(9\times 10^9)$$
$$= 666\times 10^{-6}\,F ≒ 670\,\mu F$$

（2）平行平板の静電容量

図 3 - 21 に示すように，空気中に面積 S [m²] の導板を平行に d [m] 離して対立させ，両電極板 A，B に各々の $+Q$ [C]，$-Q$ [C] の電荷を与えると，両電極間の電界の強さ E [V/m] は，次のようになる。

$$E = \frac{Q}{\varepsilon_0 S}$$

また，両電極板間の電位差 V [V] は式（3 - 14）より，

$$V = Ed$$

ゆえに，

$$V = \frac{Qd}{\varepsilon_0 S}$$

となる。したがって，式（3 - 16）により，静電容量 C [F] は次のようになる。

$$C = \frac{\varepsilon_0 S}{d} \quad\cdots\cdots\cdots\cdots\cdots\cdots\cdots\cdots\cdots\cdots\cdots\cdots\cdots\cdots\cdots\cdots\cdots\cdots\cdots\cdots（3 - 18）$$

また，図 3 - 22 のように，極板の間に比誘電率 ε_s の誘電体（絶縁物）を入れたときの静電容量 C_s [F] は，真空中の場合の ε_s 倍になる。

$$C_s = \varepsilon_s C = \varepsilon_s \frac{\varepsilon_0 S}{d} = \varepsilon\frac{S}{d} \quad\cdots\cdots\cdots\cdots\cdots\cdots\cdots\cdots\cdots\cdots\cdots\cdots\cdots（3 - 19）$$

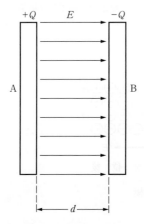
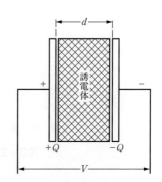

図3－21　平行平板の静電容量　　図3－22　誘電体を挿入した平行平板

〔**例題4**〕 静電容量 $C = 0.02\mu\mathrm{F}$ の平行平面極板間に 200V の電圧を加えると、蓄えられる電荷はいくらか。

〔**解**〕 式（3 – 16）により，

$$Q = 0.02 \times 10^{-6} \times 200 = 4 \times 10^{-6} \text{ C}$$

2.2 誘電体の分極現象

誘電体を形成している原子は、前にも述べたように、電気的に中性な状態にある。したがって、外部に対しては電気的作用を表さない。

しかし、図3 – 23 のように、これを電界中に置くと原子を構成している電子は電界とは反対方向に、また、核は電界方向に多少ずれる（これを変位するという）。そのため、原子は全体として図3 – 23（c）に示すような電気的な極性をもったものとなる。このような状態を原子が**分極**したといい、分極した原子を**電気双極子**という。

次に個々の原子の代わりに、原子の集合体について考えても同じことがいえる。すなわち、図3 – 24 のように誘電体を電界の中に入れると、誘電体を構成している全ての正電荷は電界の方向に、負電荷は電界の逆の方向に変位して、結果的には全体的に分極して両端面に正、負の電荷が現れる。

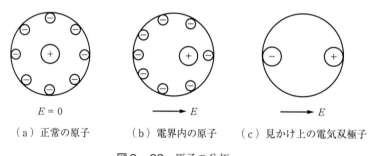

（a）正常の原子　　（b）電界内の原子　　（c）見かけ上の電気双極子

図3－23　原子の分極

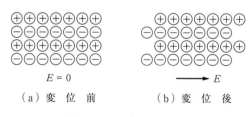

（a）変 位 前　　　（b）変 位 後

図3－24　誘電体の分極

2.3 コンデンサの接続

静電容量を得る目的でつくられたものを**コンデンサ**という。

(1) コンデンサの並列接続

静電容量が C_1 [F], C_2 [F], C_3 [F] のコンデンサを図3－25のように接続したとき，これを**並列接続**という。

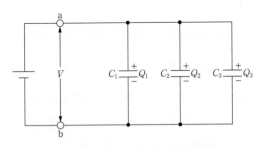

図3－25　コンデンサの並列接続

各コンデンサにかかる電圧は等しいので，それぞれのコンデンサに蓄えられる電荷は，

$$Q_1 = C_1 V$$
$$Q_2 = C_2 V$$
$$Q_3 = C_3 V$$

となるので，電源側からみた全体の電荷 Q [C] は，

$$Q = Q_1 + Q_2 + Q_3 = C_1 V + C_2 V + C_3 V$$
$$\therefore Q = (C_1 + C_2 + C_3)V \quad \cdots\cdots (3-20)$$

ここで，$C_1 + C_2 + C_3 = C$ と置けば，次のようになる。

$$C = \frac{Q}{V}$$

この C のことを並列接続したコンデンサの合成静電容量といい，一般に n 個のコンデンサを並列に接続したとき，合成静電容量 C [F] は，

$$C = C_1 + C_2 + C_3 + \cdots + C_n \quad \cdots\cdots (3-21)$$

〔例題5〕　$C_1 = 4\,\mu\text{F}$, $C_2 = 3\,\mu\text{F}$, $C_3 = 2\,\mu\text{F}$ の3個のコンデンサを並列接続すると，合成静電容量はいくらになるか。

(解)　式 (3-21) より，

$$C = 4 + 3 + 2 = 9\,\mu\text{F}$$

（2）コンデンサの直列接続

静電容量が C_1 [F]，C_2 [F]，C_3 [F] のコンデンサを図3－26のように接続したとき，これを**直列接続**という。

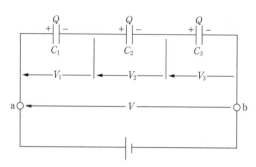

図3－26　コンデンサの直列接続

その両端子ab間に電圧 V [V] を加えたとき，それぞれのコンデンサの電極には静電誘導作用により，どのコンデンサにもみな同じ Q [C] の電荷が蓄えられる。

また，式（3－16）より，各々のコンデンサの端子電圧 V_1 [V]，V_2 [V]，V_3 [V] は，

$$V_1 = \frac{Q}{C_1}, \ V_2 = \frac{Q}{C_2}, \ V_3 = \frac{Q}{C_3}$$

である。したがって，次のようになる。

$$\begin{aligned}V &= V_1 + V_2 + V_3 \\ &= \frac{Q}{C_1} + \frac{Q}{C_2} + \frac{Q}{C_3} = Q\left(\frac{1}{C_1} + \frac{1}{C_2} + \frac{1}{C_3}\right)\end{aligned}$$

コンデンサを直列接続したときの合成静電容量を C [F] とすれば，

$$C = \frac{Q}{V} = \frac{1}{\dfrac{1}{C_1} + \dfrac{1}{C_2} + \dfrac{1}{C_3}}$$

一般に，n 個のコンデンサを直列に接続したとき，合成静電容量 C [F] は，

$$C = \frac{1}{\dfrac{1}{C_1} + \dfrac{1}{C_2} + \dfrac{1}{C_3} + \cdots + \dfrac{1}{C_n}} \quad \cdots\cdots\cdots\cdots\cdots\cdots (3-22)$$

となる。

以上のことから静電容量の直並列の計算は，「第1章第2節2．2」の合成抵抗の計算の場合とちょうど逆になることが分かる。

〔**例題6**〕　静電容量が $C_1 = 10\mu\mathrm{F}$，$C_2 = 12\mu\mathrm{F}$，$C_3 = 15\mu\mathrm{F}$ の3個のコンデンサを直列に接続すると，合成静電容量はいくらになるか。

（**解**）　式（3－22）より，

$$C = \frac{1}{\frac{1}{10}+\frac{1}{12}+\frac{1}{15}} = \frac{1}{\frac{15}{60}} = \frac{60}{15} = 4\,\mu\text{F}$$

2.4 コンデンサの充放電

　前項では，コンデンサの両端子間に電圧 V [V] を与えたとき，静電容量 C [F] と，そのときコンデンサに蓄えられる電荷 Q [C] は，$Q = CV$ [C] の関係にあることを学んだ。この項では，コンデンサの端子電圧を変化させたときの，コンデンサに蓄えられる電荷の作用について調べてみよう。

　図3-27において電圧 V [V] を ΔV [V] だけ増加したとき，電荷も ΔQ だけ増加したとすれば，

$$Q + \Delta Q = C(V + \Delta V) \quad \cdots\cdots\cdots (3-23)$$

となり，増加した電荷 ΔQ [C] は，

$$\Delta Q = C\Delta V \quad \cdots\cdots\cdots (3-24)$$

となる。このときの電荷 ΔQ は，コンデンサの端子電圧が V [V] から $V + \Delta V$ [V] に増加したときに，電源側からコンデンサに流れ込んだものであり，また，そのとき要した時間が Δt 秒間であるとすれば，コンデンサに流れ込む平均電流 i [A]（**充電電流**）は，

$$i = \frac{\Delta Q}{\Delta t} = C\frac{\Delta V}{\Delta t} \quad \cdots\cdots\cdots (3-25)$$

となる。

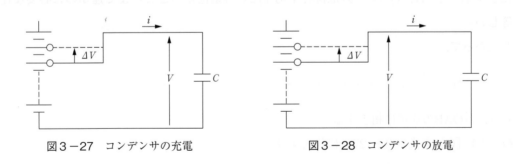

図3-27　コンデンサの充電　　　　図3-28　コンデンサの放電

　また，図3-28において，前とは反対にコンデンサの端子電圧 V [V] を Δt 秒間に ΔV [V] だけ減少させたとすれば，コンデンサは ΔQ [C] の電荷を放出する。このときのコンデンサからの**放電電流** i [A] は，同様に，

$$i = -C\frac{\Delta V}{\Delta t} \quad \cdots\cdots\cdots (3-26)$$

となる。式（3 − 26）の右辺の負（−）の符号は，コンデンサより電源側に向かって電流が流れていることを示している。

以上二つの作用から分かるように，コンデンサに加えられている電圧が変化すると，コンデンサの両極板間が完全に絶縁されているにもかかわらず，回路に電流が流れる。このとき導体中を流れる電流を**伝導電流**という。

式（3 − 25）から，「1 F とは，電圧の変化が1秒間に1 V の割合で一様に変化したときに，1 A の電流が流れるような静電容量をいう」といってもよい。

〔例題7〕 コンデンサに加わっている電圧を 20V から 100V に2秒間で変化させたとき，回路に 0.2mA の電流が流れたコンデンサの容量を求めよ。

（解） 式（3 − 25）より，

$$C = \frac{0.2 \times 10^{-3}}{\frac{100-20}{2}} = \frac{0.2 \times 10^{-3}}{40} = 5 \times 10^{-6}\,\text{F} = 5\,\mu\text{F}$$

2.5 コンデンサに蓄えられるエネルギー

図3 − 29 に示すように，静電容量 C [F] のコンデンサの両端に V [V] の電圧を加えたとき，コンデンサには $Q = CV$ [C] の電荷が蓄えられる。

はじめは $Q = 0$，$V = 0$ であるが，蓄えられる電荷が増すにつれて，電位差もだんだん増して $V = Q/C$ [V] となる。

この場合，Q と V との関係は図3 − 30 のようになる。電荷が0から Q になるまでになされた仕事 W [J] は，Q [C] の電荷を平均 $V/2$ V の電位差のところまで運ぶのに必要な仕事に等しい。

したがって，

$$W = \frac{1}{2}QV \quad\cdots\cdots\cdots\cdots\cdots\cdots\cdots\cdots\cdots\cdots\cdots\cdots\cdots\cdots\cdots\cdots\cdots\cdots\cdots\cdots\cdots\cdots\quad (3-27)$$

となり，△OAB の面積に相当する。

$Q = CV$ [C] を式（3 − 27）に代入すれば，

$$W = \frac{1}{2}CV^2 \quad\cdots\cdots\cdots\cdots\cdots\cdots\cdots\cdots\cdots\cdots\cdots\cdots\cdots\cdots\cdots\cdots\cdots\cdots\cdots\cdots\cdots\quad (3-28)$$

となる。

すなわち，コンデンサには，加えられた電圧の2乗に比例した静電エネルギーが蓄えられる。

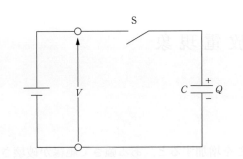

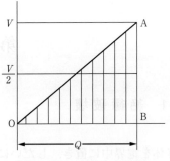

図3−29 コンデンサに蓄えられるエネルギー　　図3−30 QとVとの関係

第3節　放電現象

3.1　絶縁破壊

　絶縁体を電界中に置き，しだいに電界の強さを増加すると，ある強さで絶縁が破壊される。例えば，図3－31に示すように，2枚の平行板電極間に絶縁体を入れて電圧 V をしだいに増加していくと，ある電圧を超えると絶縁体は絶縁性を失い，電極間に電流が流れる。この現象を絶縁破壊と呼び，このときの電界の強さを絶縁破壊の強さといい，単位は [V/m] で表す。
　このように絶縁体に電流が流れることを放電と呼ぶが，「本章第2節2.4」で述べたコンデンサの放電とは区別して用いられる。

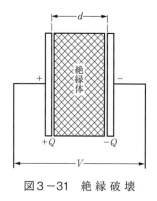
図3－31　絶縁破壊

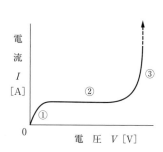
図3－32　気体の平等電界における導電特性

3.2　火花放電

　気体はそのほとんどが，電気的に中性である分子により構成されているため，非常に良い電気絶縁性を有している。
　このような気体に電圧を印加すると，図3－32に示すように3つの領域①，②，③に分かれて電流が変化する。①は電圧に比例して極めて小さな電流が増加する領域である。これは気体中にわずかに生成されたイオンによる電流である。②では電界を増加してもイオンの生成速度は一定なので，電流も一定である。③では電界によって加速された電子が中性分子と衝突し，電荷が急増していくと，電極間に火花が飛び，絶縁破壊を起こすに至る。この現象を火花放電といい，この瞬間の電圧を火花電圧という。

3.3　コロナ放電

これまで電極は平行平板間を考えてきたが，針電極と平板電極間に電圧を加えると，同じ電極間隔でも，ずっと低い電圧で針の先端が光り，部分的な絶縁破壊を起こすことができる。これをコロナ放電という。

さらに電圧を加えていくと，電極間に火花が飛ぶようになり，全電極にわたる絶縁破壊に至る。次に述べるグロー放電とアーク放電は，この全電極にわたる絶縁破壊の状態である。

3.4　グロー放電とアーク放電

図3－33のような低気圧の気体中の電極A－K間の電圧Vと電流の関係は，長年にわたり研究されており，図3－34に示す特性となる。これは放電に必要な電子の供給が三段階で進むことを示している。電子の供給のされ方が3モードあり，タウンゼント放電（②～③），グロー放電（③～⑥），アーク放電（⑦～）の順に電流を増加させながら移行していく。

点①～②は，暗流と呼ばれる微弱な電流が，不安定に流れる。

点③から火花が飛び始め，電極間に輝く光の柱が現れる。このような特徴からグロー（英語のglow：輝く）放電と名付けられた。

点⑦における大電流と強い光を伴う放電は，柱状ではなくフットボールのような円弧状の光を発することからアーク（英語のarc：円弧）放電と名付けられた。

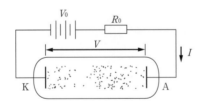

図3－33　低気圧の気体中の放電回路

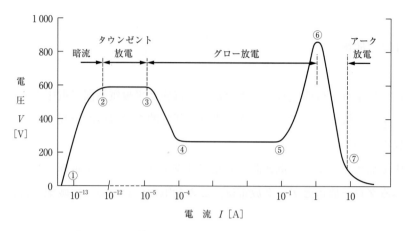

図3-34 低気圧直流放電の電圧-電流特性と放電モード

第3章のまとめ

この章で学んだことは,以下のとおりである。

(1) 二つの点電荷の間には吸引力又は反発力が働き,この力 F [N] は各電荷 Q_1 [C], Q_2 [C] の積に比例し,距離 r の2乗に反比例する。このときの比例定数は真空中では $1/4\pi\varepsilon_0$ で表され,ε_0 [F/m] を真空の誘電率という(電気に関する「クーロンの法則」)。

$$F = \frac{1}{4\pi\varepsilon_0}\frac{Q_1 Q_2}{r^2}$$

磁気に関する「クーロンの法則」を比較すると,μ_0 が ε_0 に,μ_1, μ_2 が Q_1, Q_2 に置き代わったものであることが分かる。

(2) 半径 R [m] の,導体球の静電容量 C [F] は,次のように表される。

$$C = \frac{Q}{V} = 4\pi\varepsilon_0 R$$

(3) 面積 S [m²] の電極板を d [m] 隔てて置き,電極板の間に,誘電率 ε [F/m] の絶縁物を置いた場合の平行電極板の静電容量 C [F] は,次のように表される。

$$C = \varepsilon\frac{S}{d}$$

蓄えられるエネルギーを W [J] とすると,次のようになる。

$$W = \frac{1}{2}CV^2$$

(4) コンデンサの直列接続の場合(C_1, C_2)の合成静電容量 C [F] は,次のように表される。

コンデンサが2個の場合,

$$C = \frac{1}{\frac{1}{C_1}+\frac{1}{C_2}} = \frac{C_1 C_2}{C_1+C_2}$$

となり,一般的には,

$$C = \frac{1}{\frac{1}{C_1}+\frac{1}{C_2}+\frac{1}{C_3}+\cdots+\frac{1}{C_n}}$$

となる。

並列接続の場合の合成静電容量 C [F] は，次のように表される。

コンデンサが2個の場合，
$$C = C_1 + C_2$$
となり，一般的には，
$$C = C_1 + C_2 + C_3 + \cdots + C_n$$
となる。

（5） 電極板間の絶縁材料に強い電界が加わると絶縁が破壊され，放電電流が流れるようになる。放電には火花放電，コロナ放電，グロー放電，アーク放電などがある。

第3章 練習問題

1. 真空中に 3×10^{-8} C と 5×10^{-8} C の二つの同種類の電荷を 10cm 隔てて置く場合，その間に働く力を求めよ．

2. 真空中において，10cm 離れた 2 点 A，B にそれぞれ 3×10^{-6} C，-1×10^{-6} C の電荷がある．A，B を結ぶ直線上で，A から B の方向に 3cm 離れた点の電荷の強さを求めよ．

3. 電気力線が磁力線の性質と異なるのは何か．

4. 真空中に 5×10^{-7} C の電荷があるとき，これから 30cm 離れた点の電位を求めよ．

5. 1 C，2 C，3 C の電荷から，それぞれ 3 m，2 m，1 m 離れた点の電位を求めよ．

6. 面積が 1 m^2 の平面板を間隔 1 cm で 2 枚向かい合わせ，$\pm 2 \times 10^{-6}$ C の電荷を与えたとき，両電極間の電位差を求めよ．

7. 面積が 1 m^2 の平面板を間隔 1 cm で 2 枚向かい合わせたとき，この平面板間の静電容量を求めよ．

8. 1 μF のコンデンサに 10V の電圧を加えたとき，コンデンサに蓄えられる電荷を求めよ．

9. 10 μF と 20 μF のコンデンサを並列接続した場合及び直列接続した場合のそれぞれの合成静電容量はいくらか．

10. 次の図のように 3 個のコンデンサを接続し，100V の電圧を加えた．各コンデンサに蓄えられる電荷を求めよ．

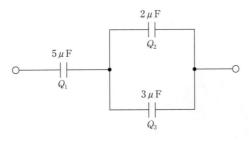

第4章
交流の性質

　電気には直流と交流がある。直流発電には太陽光発電がある。交流発電には火力発電，原子力発電，水力発電及び風力発電がある。
　日常，私たちが使用している家庭用電気や工場その他の産業で使用する電気の大部分は交流であり，交流の使用範囲は，直流と比較にならないほど広い。
　この章では，交流の基本的な性質や特性について学ぶ。

第1節　正弦波交流の性質

1．1　直流と交流

　図4－1は直流と交流の代表的な波形を示したものである。第1章で学んだ直流は，図4－1（a）のように，その方向が常に不変の電気である。これに対して**交流電圧**（又は電流）は，図4－1（b）のように，時間とともに大きさと方向が周期的に変化する。なお，直流と交流の定義上の差は，流れる向きが不変か否かとするのが一般的である。

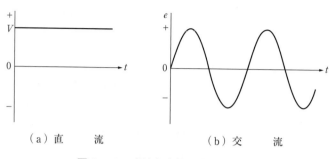

（a）直　　流　　　　　　（b）交　　流

図4－1　直流と交流の代表的波形

1．2　正弦波交流

　交流の発生法は種々あるが，「第2章第5節」で取り上げた電磁誘導作用の場合を再度考えてみよう。

　導体が磁束を切ると電磁誘導作用により起電力を発生する。図4－2（a）において，磁束密度 B［T］の一様な磁界中で，長さ l［m］の細い導体を一定周辺速度 v［m/s］[(1)]で，O点を中心軸として矢印の方向に回転させると，X′－Xより上方の位置にあるときは⊙印の方向に，X′－Xの下方にあるときは⊗印の方向に起電力が誘起する。この起電力 e［V］は，θ の位置にある導体のX′－X方向の速度成分を v' とすれば，$v' = v\sin\theta$ に比例するので，

$$e = Blv\sin\theta \quad\cdots\cdots\cdots\cdots\cdots\cdots\cdots\cdots\cdots\cdots\cdots\cdots\cdots\cdots\cdots\cdots\cdots\cdots\cdots\cdots\cdots\cdots (4-1)$$

で表される。ここで θ は時間に比例するから，このような交流は時々刻々と値が変化する（**瞬時値**という）ことになる。結局，導体に誘導される起電力 e は，導体の回転に応じて正弦波状に変化するので，このような変化をする電気のことを**正弦波交流**という。また，式（4－1）

---

(1)　回転速度を n［s⁻¹］とすれば，$v = 2\pi rn = 2\pi nr$，また角速度を ω［rad/s］とすれば $v = r\omega$，$\omega = 2\pi n$ の関係がある。

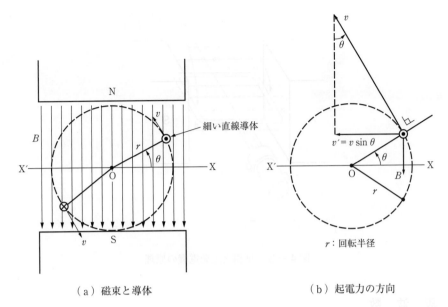

(a) 磁束と導体　　　　　(b) 起電力の方向

図4－2　正弦波起電力の発生

において，
$$Blv = E_m$$
と置けば，
$$e = E_m \sin\theta \quad\cdots\cdots\cdots\cdots\cdots\cdots\cdots\cdots\cdots\cdots\cdots\cdots\cdots\cdots\cdots\cdots\cdots\cdots\cdots\cdots\cdots(4-2)$$
と表すことができる。

上式において，θが90°，又は270°になったとき，$\sin\theta = \pm 1$であるから，
$$e = \pm E_m$$
となり，導体に誘起される電圧が最大となる。このときのE_m（$E_m > 0$）を電圧の最大値という。

正弦波起電力の発生法の原理については，「第2章第5節5.4」でも学んだので，これに関連した図4－2の内容について，想像しやすいと思われる（「フレミングの右手の法則」の適用）。

つまり，一様な磁界中で一本の直線導体を回転させれば，交流として理想的な正弦波状の起電力を発生できるが，その値は小さい。そのため，実際には，複数の直線導体を重ねることにより，必要とする起電力を発生させて使用している。

図4－3は，交流発電機（この場合は**単相交流発電機**という）の原理構造を示しており，端子1－1′には，交流電圧が得られる。

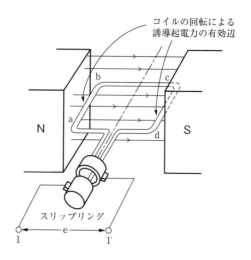

図4−3　単相交流発電機の原理

1.3　周波数

　図4−4のように，正弦波電圧（又は電流）は一定の時間間隔で同一の波形を何度も繰り返す。その単位変化を**1周波**（又は**1サイクル**）といい，1周波に要する時間を**周期**という。また，1秒間に繰り返される周波の数を**周波数**といい，量記号は f，単位には**ヘルツ**（hertz, 単位記号［Hz］）を用いる。

　以上の定義から，周波数 f［Hz］と周期 T［s］の関係は，次式のようになる。

$$\left.\begin{array}{l} f = \dfrac{1}{T} \\ T = \dfrac{1}{f} \end{array}\right\} \quad \cdots\cdots\cdots\cdots\cdots\cdots\cdots\cdots\cdots\cdots\cdots\cdots\cdots\cdots（4−3）$$

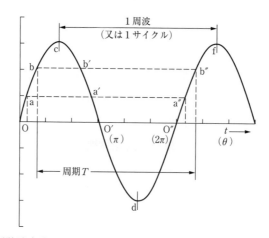

図4−4　正弦波交流における周期と同相の点（OとO″，aとa″，bとb″など）

また，波形の時間的変化の様子を観察すると，交流の瞬時値は1周期の時間差があっても同一の値に戻ることが分かる。このような関係にある波形上の点を，**互いに同相な点**という。

図4－4においては，OとO″，aとa″，bとb″並びにcとfの各2点が，互いに同相な点であるといえる。

ところで，私たちの生活環境には目に見えないものの，表4－1のような種々の周波数が，電気や音といったそれぞれの用途に用いられており，さながら交流の渦中に置かれているといえる。

表4－1　周波数の区分

名　　　称	範　　囲	用　　途
電力用周波数	50又は60Hz	電灯，電力用
音声用周波数	16～20 000Hz	人間が音として感じる周波数
電気通信用周波数	10～　200kHz	電話回線，無線など
長波	30～　300kHz	現在使用されていない
中波	300～ 3 000kHz	放送用
中短波	1.5～　　6MHz	放送・無線電話用
短波	6～　 30MHz	放送・無線電話用
超短波	30～　300MHz	無線電話用
極超短波（マイクロ波）	300MHz～3GHz	レーダー・無線電話用
	3GHz以上	衛星通信用など

例えば，低周波交流は，空中に放射する性質が弱いので送配電用（又は電力用）に使われる。わが国の電力用周波数（**商用周波数**ともいう）は，外国から電力技術が導入された際の歴史的経緯から，関東地方以東ではヨーロッパ系の50Hz，中部地方以西は米国系の60Hzが使用されている[2]。

周波数が高くなるに従って，交流は空間への放射性が強くなり，無線通信用交流（一般に電波という）として使われる。

電波は，電気力線と磁力線の波動であり，その波動の進行速度は空間では一定で，周波数の高低に関係なく，光の速度に等しく3×10^8m/sである。電波を表現する場合は，周波数fとともに**波長**という言葉が使用される。波長とは，波動の一つの波の長さをいい，量記号をλ（ラムダと読む），単位はメートル（meter，単位記号［m］）を用いる。

$$波長：\lambda = \frac{3 \times 10^8}{f} \cdots\cdots\cdots\cdots\cdots\cdots\cdots\cdots (4-4)$$

---

[2]　50Hz，60Hzの境界は静岡県の富士川とされている。

〔例題1〕 50Hzの交流の周期はいくらか。

（解）式（4－3）より，

$$T = \frac{1}{f} = \frac{1}{50} = 0.02\,\mathrm{s} = 20\,\mathrm{ms}$$

〔例題2〕 100MHzの電波が空中を伝わるときの波長はいくらか。

（解）式（4－4）より，

$$\text{波長}: \lambda = \frac{3 \times 10^8}{100 \times 10^6} = \frac{3 \times 10^8}{10^8} = 3\,\mathrm{m}$$

1.4 弧度法，電気角，角速度

角度を表す量記号には θ（シータと読む）などがあり，単位は**ラジアン**（radian，単位記号［rad］）を用いる。

一般に角度を測る方法としては，円を360等分する度数法もあるが，電気理論では図4－5に示すように，半径 r に等しい長さの弧が，中心Oに対して張る角度1radを単位とする**弧度法**が主として用いられている。弧度法と**60分法**との関係は，

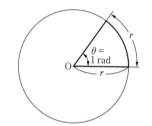

図4－5 弧度法における角度の決め方

$$360° = 2\pi\,[\mathrm{rad}]$$

あるいは，

$$1\,\mathrm{rad} = \frac{360°}{2\pi} \fallingdotseq 57°$$

となる。

図4－6（a）に示す2極発電機では，「本節1.2」で学んだように，磁極間の空間でコイルが1回転（360°）すれば，1サイクルの交流電圧が発生する。同様に，図4－6（b）の4極発電機の場合は，2サイクルの交流電圧が発生する。これら二つのコイルの回転角度について比較してみると，4極発電機では2極発電機のときの半分で，同じサイクルの交流が発生するといえる。

一方，交流自体のことを論ずるには，それを発生した発電機の極数を問わずに1サイクルを 2π［rad］，すなわち360°と定めることが便利である。この角度を**電気角**という。

なお，図4－6のように，交流の電気角と発電機のコイルの**回転角**（**空間角**）との間には，

電気角 ＝（空間角）×（極の対数）

の関係が成り立つ。ここで，極の対数とは全極数の1/2のことである[3]。

　正弦波交流電圧（又は電流）は，0から2π〔rad〕に至る間に1サイクルの変化をする。したがって，周波数f〔Hz〕の交流は，1秒間に$2\pi f$〔rad〕だけ変化するので，t秒後の電気角度θは，

$$\theta = 2\pi ft$$

となる。ここで$2\pi f = \omega$（オメガと読む）と置けば，

$$\theta = \omega t \dotfill (4-5)$$

となる。ωは**角速度**（又は**角周波数**）の量記号で，単位はラジアン毎秒（radian per second，単位記号〔rad/s〕）を用いる。すなわち，図4－6（a）で考えるならば，導体（又はコイル）が1秒間にω〔rad/s〕の角速度で回転しているとき，t秒後の回転角θの位置は，$\theta = \omega t$となる。これを式（4－2）に代入すると，次のようになる。

$$e = E_m \sin\theta = E_m \sin\omega t \dotfill (4-6)$$

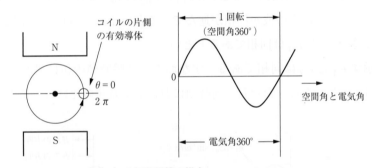

(a) 2極発電機の場合

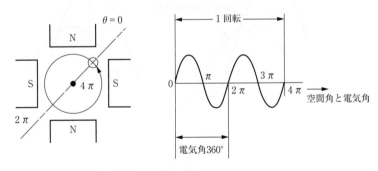

(b) 4極発電機の場合

図4－6　交流発電機の界磁極数とコイル1回転当たりの周波数

---

(3) 極数は，発電機を駆動する原動機の回転速度によっても決められる。水力用は，低速型となるから，多極（10～50）が，火力，原子力は高速タービンによるから，2極，4極が採用される。

1.5 位相及び位相差

図4－7に示す e_A, e_B はいずれも周波数の等しい正弦波交流電圧を示したものであるが，同図においては時間の原点を0点にとってあるので，e_A, e_B は，

$$e_A = E_{m1} \sin(\omega t + \theta_1)$$
$$e_B = E_{m2} \sin(\omega t + \theta_2)$$

のように表される。上式の θ_1 及び θ_2 の値を**初期位相角**といい，

$$\theta = \theta_1 - \theta_2$$

を e_A, e_B 間の**位相差**という。そして，$\theta > 0$ のとき「e_A は e_B よりも θ だけ**位相**が進んでいる」といい，逆に $\theta < 0$ ならば「e_A は e_B より $|\theta|$ だけ位相が遅れている」という。これを図から判断するときは，二つの波の同相の点（見つけやすいのは $t = 0$, π, 2π といった波形が横軸に交わる点と正負の最大値となる $t = t_{m1}$, t_{m2} の点）が現れる時刻が早い（時間軸の負の方向にずれている）ほうの波が位相が進んでいるといえるとの基準と比較すればよい。また，$\theta = 0$ のとき「e_A と e_B は同相である」という。

図4－8に示す e_A と e_B は同相である。すなわち，各瞬時値の値は異なっても，0及び最大値となる時刻は同じである。ただし，同時刻における瞬時値の比は最大値の比に等しい。

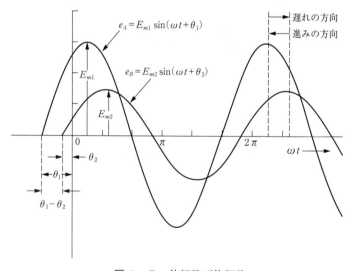

図4－7 位相及び位相差

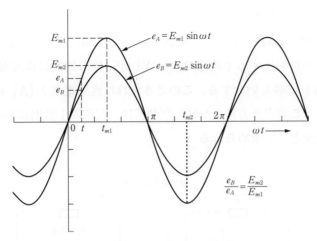

図4－8　同相な電圧波形

1.6　交流の大きさ（平均値と実効値）

　交流では，大きさと向きが時々刻々変化するので，工学的な観点から大きさを適切に表現できる方法が必要である。その一つとして，各瞬時値の平均値をとる方法が考えられる。ところが，正弦波交流のように，正，負の領域の波形が同形であれば，1周期の平均（単純平均といえる）は0になるので意味がない。そこで，半周期の正波の平均値を正弦波の平均値と定義している。

　図4－9において，**平均値** E_a [V] と最大値 E_m [V] の間には，次のような関係がある。

$$E_a = \frac{2}{\pi} E_m \fallingdotseq 0.637 E_m \quad \cdots\cdots\cdots\cdots\cdots\cdots\cdots\cdots\cdots\cdots\cdots\cdots\cdots\cdots\cdots\cdots\cdots\cdots (4-7)$$

電流の場合も同様である。

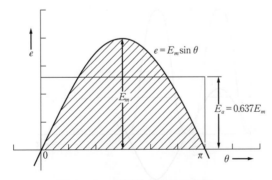

図4－9　正弦波交流の平均値

次に，交流の大きさの表し方をもう一つ説明しよう。

図4-10のような抵抗回路において，交流電流 $i = I_m \sin \omega t$ [A] を一定時間流したときに消費するエネルギーに対応する平均電力 P_1 [W] が，同じ回路に直流電流 I [A] を流して消費する電力 P_2 [W] に等しいとする。このとき流れた直流電流 I [A] の値を，交流電流の**実効値**と定めている。この考え方によれば，実効値は，交流の1周期における全ての瞬時値の2乗の平均の平方根をとって求められる。

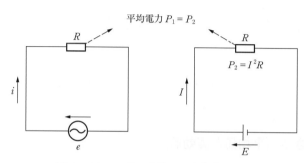

図4-10 一般の交流 i の実行値 I の意味

図4-11に示すように，i^2 の波形は周期が $T/2$ の正弦波が0と I_m^2 の間で変動している状態となる。したがって，その平均値は $I_m^2/2$ であるから，電流の実効値 I [A] は，次のようになる。

$$I = \sqrt{\frac{I_m^2}{2}} = \frac{I_m}{\sqrt{2}} \fallingdotseq 0.707\, I_m \quad \cdots\cdots(4-8)$$

電圧についても同様である。

なお，単に一般家庭で用いられる交流電圧 100V といった場合は，実効値が 100V であることを意味している。

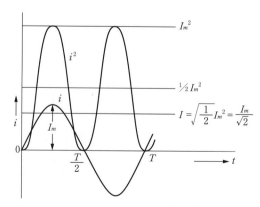

図4-11 正弦波交流 i の実行値 I（波形の関係から見た場合）

〔例題3〕 正弦波交流の実効値が100Vのときの最大値を求めよ。
(解) 式（4－8）の関係から，
$$V_m = \sqrt{2} \times 100 \fallingdotseq 1.414 \times 100 = 141.4 \text{ V}$$

1.7 波形率と波高率

交流の特徴を表示する場合，普通は大きさを実効値で表す。一方，**波形の様子**（鋭さの程度など）をオシロスコープによらずにだいたい評価するのに，実効値と平均値及び最大値の比を利用する方法がある。このようなときは，次式で定義されるような波形率や波高率が用いられる。

$$\left.\begin{array}{l} 波形率 = \dfrac{実効値}{平均値} \\[6pt] 波高率 = \dfrac{最大値}{実効値} \end{array}\right\} \quad\cdots\cdots（4-9）$$

正弦波交流の場合には，次のようになる。

$$\left.\begin{array}{l} 波形率 = \dfrac{\dfrac{E_m}{\sqrt{2}}}{\dfrac{2E_m}{\pi}} = \dfrac{\pi}{2\sqrt{2}} \fallingdotseq 1.11 \\[18pt] 波高率 = \dfrac{E_m}{\dfrac{E_m}{\sqrt{2}}} = \sqrt{2} \fallingdotseq 1.414 \end{array}\right\} \quad\cdots\cdots（4-10）$$

表4－2は代表的な交流波形について，波形率と波高率を示したものである。これらの値が大きいほど波形が鋭くなり，三角波に近づく傾向があるのが分かる。

表4－2 各種波形の波形率と波高率

名　称	正　弦　波	三　角　波	方　形　波
波形			
波形率	1.11	1.155	1.00
波高率	1.414	1.732	1.00

第2節　正弦波交流のベクトル表示

2.1　ベクトル

　一般に，物理量は空間との関わりあいにおいて2種類に分けられる。時間や温度などのように，「大きさだけで表せる量」を**スカラー量**といい，速度や力などのように，「大きさと方向を併せ持つ量」を**ベクトル量**という。したがって，前者は実数で扱えるが，後者は複素数などで表現される。

　交流は一種のベクトル（電気的なベクトル）として表示することによって，交流の問題をベクトルの計算に置き換えて楽に解けるといわれるが，この節では，周辺の基礎事項を整理しておく。

① ベクトル図の記号は，一般的には，ローマ字の大文字の上に矢印→で表されるが，電気工学では，・（ドットと読む）などを付けることにより，ベクトル量であることを示している。

② ベクトルの大きさと方向のうち，大きさのみを考えるときには，そのベクトルの絶対値と呼んで，$|\dot{I}| = I$，$|\dot{E}| = E$ のような表し方をする。

③ ベクトルの方向はある基準線（図4－12の破線）を定め，その基準線とベクトルのなす角度（位相角）により表す。位相角は図4－12のように水平な破線を基準として，左回転（反時計方向）に測った角を進み（＋）とし，その反対方向（時計回り）に測った角を遅れ（－）としている。このように一つのベクトルは，図4－12に例示したように，$\dot{E} = E \angle \theta$ などの形式で表されることが多い。

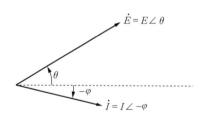

図4－12　ベクトルの表し方

2.2　正弦波交流のベクトル表示法

　前項で述べたベクトルが，交流とどのように関係づけられるのかを考えてみよう。
　図4－13のように，O－Xに対して偏角 θ_1 のベクトル $\dot{I}_{m1}$ と偏角 θ_2 のベクトル $\dot{I}_{m2}$ が，

ともに同一角速度 ω で矢印の方向（反時計方向）に回転しているとしよう。この場合，これらの**回転ベクトル**[4] $\dot{I}_{m1}$，$\dot{I}_{m2}$ の Y 軸上への投影像は，それぞれ時間の変化に伴い，正，負にわたって伸縮し，大きさは，

$$i_1 = I_{m1}\sin(\omega t + \theta_1) \cdots\cdots\cdots\cdots\cdots\cdots\cdots\cdots\cdots\cdots (4-11)$$
$$i_2 = I_{m2}\sin(\omega t + \theta_2) \cdots\cdots\cdots\cdots\cdots\cdots\cdots\cdots\cdots\cdots (4-12)$$

となる。

したがって，逆に「正弦波交流 $i = I_m\sin(\omega t + \theta_0)$ は，大きさ I_m，角速度 ω，位相角 θ_0 の回転ベクトルで代替して表せる」ということができる。以上のことから，いくつかのベクトルが同一角速度で回転していると考えるのは，瞬時値を表面に出したい場合に便利である。

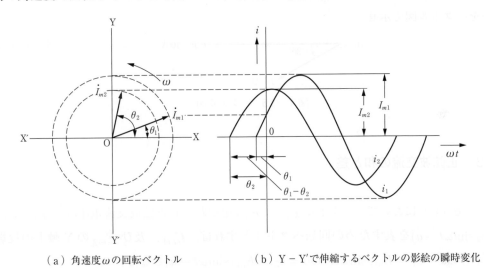

(a) 角速度 ω の回転ベクトル　　　(b) Y－Y′ で伸縮するベクトルの影絵の瞬時変化

図 4－13　正弦波交流のベクトル表示

一方，これらベクトルの相互関係のみが分かればよいときは，位相の関係を考えて，ベクトルを静止しているものと考えてもよい。また，その大きさも最大値にこだわる必要がなくなる。

例えば，正弦波交流 $i = I_m\sin(\omega t + \theta_0)$ を**静止ベクトル**[4]で表すには，大きさを実効値 $I(=I_m/\sqrt{2})$ にとり，位相角を θ_0 にとり，$I\angle\theta_0$ によって，又は「第 5 章第 5 節」で述べる複素数表示法で，$\dot{I} = I_a + jI_b$，ただし $j = \sqrt{-1}$，$\theta_0 = \tan^{-1}(I_b/I_a)$ のような形式で表す。ベクトル図は，図 4－14 のようになる。

---

(4) 普通のベクトルは空間的であるが，電気の交流理論におけるベクトルは時間的に変化するものである。このため時間ベクトルと呼ぶこともできるが，国際的には**フェーザ**という用語を使うことが推奨されている。

第4章 交流の性質

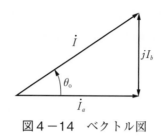

図4−14 ベクトル図

〔例題4〕 50Hzの正弦波交流回路中のある2線間の電圧が実効値で100V，また，一方の線を流れる電流が実効値で20Aで，電圧より位相が30°遅れている。これらの電圧と電流の関係をベクトル図で示せ。

(解)

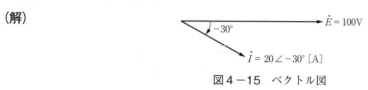

図4−15 ベクトル図

2.3 正弦波交流の和と差

図4−16（a）において，ベクトル $\dot{E}_{m1}$，$\dot{E}_{m2}$ をそれぞれ正弦波交流電圧 $e_1 = E_{m1}\sin\omega t$，$e_2 = E_2\sin(\omega t - a)$ を表すための回転ベクトルとすれば，$\dot{E}_{m1}$，及び $\dot{E}_{m2}$ のY軸上の投影がそれぞれ，$\overline{Oa} = e_1 = E_{m1}\sin\omega t$，$\overline{Ob} = e_2 = E_{m2}\sin(\omega t - a)$ となる。

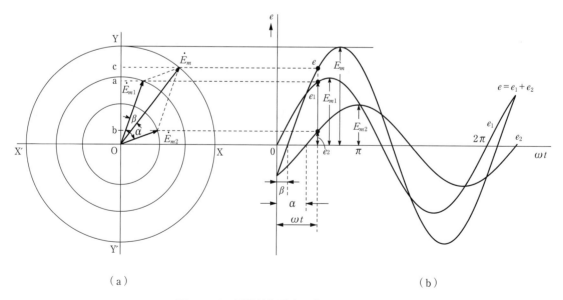

(a) (b)

図4−16 正弦波起電力の和

いま，$\dot{E}_{m1}$ と $\dot{E}_{m2}$ とのベクトル和を $\dot{E}_m$ とすれば，$\dot{E}_m$ は，$\dot{E}_{m1}$ と $\dot{E}_{m2}$ を 2 辺とする平行四辺形の対角線の長さであるから，$\dot{E}_m$ の Y 軸上の投影は，

$$\overline{\mathrm{Oc}} = e = \overline{\mathrm{Oa}} + \overline{\mathrm{ac}} = \overline{\mathrm{Oa}} + \overline{\mathrm{Ob}} = e_1 + e_2$$

となる。$\dot{E}_m$ は二つの正弦波交流電圧 e_1，e_2 の和を表す回転ベクトルで，E_m はその最大値を表し，$\dot{E}_{m1}$ との間の角 β は位相差を示している。したがって，この正弦波交流電圧の和は，

$$e = E_m \sin(\omega t - \beta) \quad \cdots\cdots\cdots\cdots\cdots\cdots\cdots\cdots\cdots\cdots\cdots\cdots\cdots\cdots\cdots (4-13)$$

で表せる。

また，図 4 − 17 のように，$\dot{E}_{m1}$，$\dot{E}_{m2}$，$\dot{E}_m$ の各々のベクトルの大きさを $1/\sqrt{2}$ 倍にしたもの（実効値）を，$\dot{E}_1$，$\dot{E}_2$，$\dot{E}$ とすれば，α や β などの位相差は変わりなく，各々のベクトルの大きさは，実効値を表すことになる。交流の作用を考察するときは，瞬時値よりも実効値と位相差が分かればよい場合が多いので，このような表現方法のほうが都合がよい。

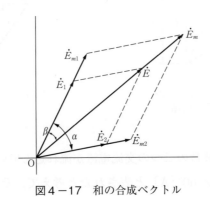

図 4 − 17　和の合成ベクトル
($\dot{E} = \dot{E}_1 + \dot{E}_2$)

図 4 − 18 は，$\dot{E}_1$ を基準に選んだ場合のベクトル図を示しており，関係式をまとめれば，

$$\left. \begin{aligned} &\dot{E} = \dot{E}_1 + \dot{E}_2 \\ &E = \sqrt{(E_1 + E_2 \cos\alpha)^2 + (E_2 \sin\alpha)^2} \\ &\tan\beta = \frac{E_2 \sin\alpha}{E_1 + E_2 \cos\alpha} \\ &\therefore \beta = \tan^{-1} \frac{E_2 \sin\alpha}{E_1 + E_2 \cos\alpha} \end{aligned} \right\} \quad \cdots\cdots\cdots\cdots\cdots\cdots\cdots\cdots (4-14)$$

となる（$\tan^{-1}$ はアークタンジェントと読む）。

同様に，二つの正弦波交流の差は，それぞれの交流を表すベクトルのベクトル差で示される。図 4 − 19 において成り立つ関係式をまとめれば，次のようになる。

$$\left.\begin{array}{l}\varDelta \dot{E} = \varDelta \dot{E}_1 - \varDelta \dot{E}_2 \\ \varDelta E = \sqrt{(\varDelta E_1 - \varDelta E_2 \cos\alpha)^2 + (E_2 \sin\alpha)^2} \\ \tan\beta = \dfrac{\varDelta E_2 \sin\alpha}{\varDelta E_1 - \varDelta E_2 \cos\alpha} \\ \therefore \beta = \tan^{-1}\dfrac{\varDelta E_2 \sin\alpha}{\varDelta E_1 - \varDelta E_2 \cos\alpha}\end{array}\right\} \quad \cdots\cdots\cdots\cdots\cdots\cdots (4-15)$$

なお，図4−18中のベクトル$\dot{E}_1$及び図4−19中のベクトル$\varDelta \dot{E}_1$は，位相に関して基準ベクトルとして選ばれているが，このことを$\dot{E}_1 = E_1$及び$\varDelta \dot{E}_1 = \varDelta E_1$，又は$\dot{E}_1 = E_1 \angle 0°$及び$\varDelta \dot{E}_1 = \varDelta E_1 \angle 0°$として表す。

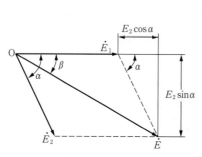

図4−18 $\dot{E}_1$を基準ベクトルとした場合の図4−17の関係

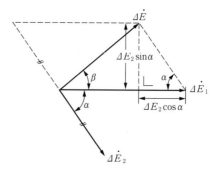

図4−19 差の合成ベクトル（$\varDelta \dot{E} = \varDelta \dot{E}_1 - \varDelta \dot{E}_2$）

〔例題5〕 ある負荷に同一周波数の二つの交流電流が流れ込んでいる。それぞれの電流がベクトルで$\dot{I}_1 = 10\text{A}$，$\dot{I}_2 = 10 \angle 60°$〔A〕と表されたと考えて，その合成電流を計算し，ベクトルで示せ。

（解） $\dot{I}_1$，$\dot{I}_2$をベクトル図で示すと図4−20となる。したがって，合成電流$\dot{I}$は，

$$\begin{aligned}\dot{I} &= \dot{I}_1 + \dot{I}_2 \\ &= [(10 \cos 30°) \times 2] \angle 30° \\ &= 10\sqrt{3} \angle 30°\end{aligned}$$

となり，大きさは$10\sqrt{3} \fallingdotseq 17.3$ Aで，位相は$\dot{I}_1$より30°進んだ関係になる。

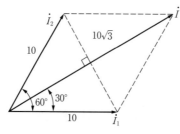

図4−20 合成ベクトル

第4章のまとめ

　この章で学んだことは，以下のとおりである。

（1）　交流とは，時間とともに大きさと方向が周期的に変化する電圧（又は電流）のことである。

（2）　交流の基本は，正弦波交流である。

（3）　交流電圧，電流は，平均値，実効値及び最大値で大きさを表すことができる。

（4）　通常，電力などの計算に用いられている値は，実効値である。

（5）　正弦波交流は，ベクトル（フェーザ）で表すことができる。

第4章　練習問題

1．次図の波形を持つ電流は直流か交流か。また，その理由を説明せよ。

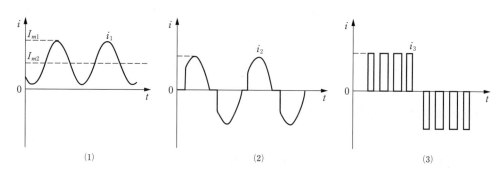

2．次式で表された正弦波交流電圧について，その最大値，実効値，周波数及び周期を求めよ。

（1）$v_1 = 141.4 \sin(314.2t)$ [V]

（2）$v_2 = 5\sqrt{2} \cos(3.142 \times 5 \times 10^4 t - 0.785)$ [V]

3．次図の二つの電流 i_1，i_2 の位相関係について述べよ。

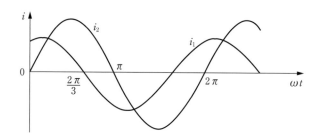

4．正弦波交流の位相角は，ラジアンで表すのが原則であるが，便宜的に60分法で表すことも多い。次の角度を，対応するラジアン又は60分法に変換せよ。

（1）60°　　（2）$\dfrac{\pi}{4}$　　（3）240°　　（4）$\dfrac{2\pi}{3}$

5．ベクトル図において，次式で表現された角度を求めよ。

（1）$\alpha = \tan^{-1}(1)$　　（2）$\beta = \cos^{-1}(0.5)$　　（3）$\gamma = \tan^{-1}\left(\dfrac{-1}{\sqrt{3}}\right)$

6．次図又は次式で示されたベクトルを，それぞれに対応する式又は図で示せ．

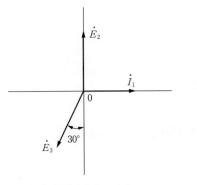

$\dot{E}_1 = E_1 \angle 60°$
$\dot{I}_2 = I_2 \angle \pi$
$\dot{I}_3 = I_3 \angle -60°$

（a）図示されたベクトル　　　　　　　　（b）式で示されたベクトル

7．次式で表された合成ベクトルを求めよ．
（1）　$\dot{I} = 5 + 5\angle 120° + 5\angle 240°$ [A]
（2）　$\dot{V} = 100\angle 15° + 100\angle 105°$ [V]

8．あるスイッチの接触抵抗が 10mΩ で，これに次式の電流が流れたときのジュール損はいくらか．
$$i = 100\sqrt{2}\sin\left(314.2t + \frac{\pi}{3}\right) \text{ [A]}$$

9．空中を 1 GHz の電波が伝わるときの波長はいくらか．

10．次図に示した四つの正弦波交流電圧波形をよく見て次に答えよ．ただし，いずれも同一周波数である．

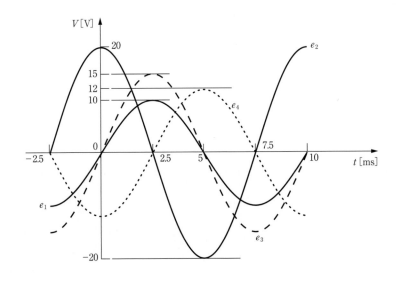

（1） 周期，周波数はそれぞれいくらか。
（2） e_1 はどのような式で示されるか。
（3） e_1 の実効値はいくらか。
（4） e_1 と同相な電圧はどれか。
（5） e_1 より 90° 進んでいる電圧はどれか。
（6） e_4 と逆位相の電圧はどれか。
（7） 各電圧の関係をベクトル図に示すとどのようになるか。

第5章
交流回路

　これまでの章では，交流の各種特性について学んだ。
　この章では，単相交流及び三相交流の計算方法や特性について主に学ぶ。具体的には，抵抗，コンデンサ及びコイルで構成される直列回路，並列回路において単相交流電圧・電流波形がどのような波形になるか，また，どのような計算が必要であるかについて学ぶ。
　次に，工場や電気受変電設備や動力などに用いられる三相交流についても同様に特性や計算方法を学ぶ。
　さらに，交流理論でよく用いられるベクトルを用いた表記法についても学ぶ。

第1節　基本回路とその性質

1.1　抵抗回路（R回路）

　図5－1（a）において，抵抗R〔Ω〕の両端子間に，正弦波交流電圧$v=V_m\sin\omega t$〔V〕を与えたとき，流れる回路電流i〔A〕は，いかなる瞬時についても$i=v/R$という「オームの法則」によって定まる。

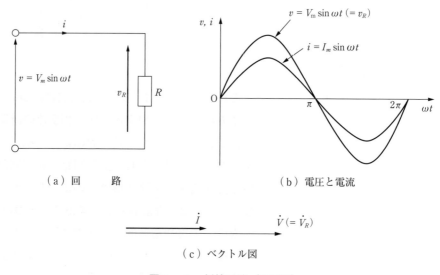

（a）回　　路　　　　　　（b）電圧と電流

（c）ベクトル図

図5－1　抵抗回路（R回路）

したがって，電流iは次の式となる。

$$i=\frac{v}{R}=\frac{V_m\sin\omega t}{R}=\frac{V_m}{R}\sin\omega t \quad\cdots\cdots(5-1)$$

ここで，

$$\frac{V_m}{R}=I_m$$

と置けば，次のようになる。

$$i=I_m\sin\omega t \quad\cdots\cdots(5-2)$$

　式（5－1）と式（5－2）により，vとiは同位相の正弦波であることが分かる。これを波形で表すと図5－1（b）のようになり，ベクトル図で示すと，図5－1（c）のようになる。すなわち，抵抗Rに交流電圧$v=V_m\sin\omega t$を加えたときに流れる電流iは$i=I_m\sin\omega t$で，電圧と電流は同位相（又は同相）になる。

電圧，電流，抵抗の関係は，実効値 I [A]，最大値 I_m [A]，瞬時値 i [A] で表すと，それぞれ次のようになる。

$$\text{実効値} \quad I = \frac{V}{R} \quad\cdots\cdots\cdots\cdots\cdots\cdots\cdots\cdots\cdots\cdots\cdots\cdots\cdots\cdots\cdots(5-3)$$

$$\text{ただし，} V = V_m/\sqrt{2}$$

$$\text{最大値} \quad I_m = \frac{V_m}{R} \quad\cdots\cdots\cdots\cdots\cdots\cdots\cdots\cdots\cdots\cdots\cdots\cdots\cdots\cdots(5-4)$$

$$\text{瞬時値} \quad i = \frac{v}{R} \quad\cdots\cdots\cdots\cdots\cdots\cdots\cdots\cdots\cdots\cdots\cdots\cdots\cdots\cdots\cdots(5-5)$$

〔**例題1**〕 抵抗 $R = 12\Omega$ の両端に 120V の正弦波交流電圧を加えたとき，抵抗中を流れる電流の実効値，最大値，瞬時値を求めよ。

（**解**） 120V という値には，最大値か実効値かなどの区別がつけられていないが，普通このような表示の場合は実効値を意味している。

したがって，式（5-3），式（5-4），式（5-5）より，

$$I = \frac{V}{R} = \frac{120}{12} = 10 \text{ A} \quad\cdots\cdots\cdots\cdots\text{実効値}$$

$$I_m = \sqrt{2} \times 10 \fallingdotseq 14.14 \text{ A} \quad\cdots\cdots\cdots\cdots\text{最大値}$$

$$i = I_m \sin\omega t \fallingdotseq 14.14 \sin\omega t \text{ [A]} \cdots\text{瞬時値}$$

1.2 誘導性リアクタンス回路（L 回路）

コイル（リアクトルとも呼ぶ）に交流電流を流すと，コイルに交わる磁束が変化し，「第2章第6節　インダクタンス」で学んだように，そのコイルには自己誘導作用によって，電流の増減を妨げる方向に起電力が発生する。

コイルに加える交流電圧 v とコイルに誘導される誘導電圧 v_L との位相関係は，「キルヒホッフの第2の法則」から $v = v_L$ となる。また，v_L は式（2-37）中の e のように，電流の変化率が最も大きい（$i=0$ となる）瞬間に最大となる。以上の関係を図示すると，図5-2のようになる。図5-2（b）は，コイルに流れる電流 i と，そのコイルに生じる磁束 ϕ，コイルに誘導される逆起電力 v_L，コイルに加わる電圧 v の関係を表したグラフで，コイルを流れる電流 i は，電圧 v に対して，$\pi/2$（90°）遅れていることが分かる。これらの関係をベクトル図で表すと図5-2（c），（d）のようになる。

また，コイルは交流に対して，抵抗と同じように，電流を妨げる作用をする。その作用の大

第5章 交流回路

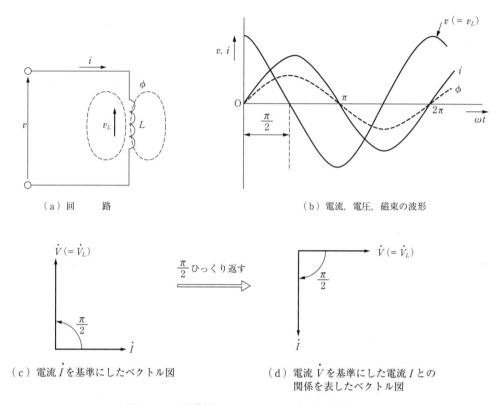

図5-2 誘導性リアクタンス回路（L回路）

きさを**誘導性リアクタンス**といい，量記号は X_L，単位はオーム（ohm，単位記号［Ω］）を用いる。誘導性リアクタンス X_L［Ω］とコイルのインダクタンス L［H］の関係は，次式で表される。

$$X_L = \omega L = 2\pi f L \quad \cdots\cdots\cdots\cdots\cdots\cdots\cdots\cdots\cdots\cdots\cdots\cdots\cdots\cdots\cdots (5-6)$$

ただし，$\omega = 2\pi f$

式（5-6）から X_L は抵抗のように一定でなく，周波数に比例することが分かる。また，インダクタンス L が大きいほど，誘導性リアクタンス X_L は大きくなる。

次に，X_L に交流電圧 $\dot{V}$［V］を加えたとき，流れる電流 $\dot{I}$［A］の大きさの関係式は，次のように表すことができる。

$$I = \frac{V}{X_L} \quad \cdots\cdots\cdots\cdots\cdots\cdots\cdots\cdots\cdots\cdots\cdots\cdots\cdots\cdots\cdots\cdots\cdots\cdots (5-7)$$

ただし，電流を瞬時値で表すときは，位相と式（5-7）を考えに入れて，

$$i = I_m \sin\left(\omega t - \frac{\pi}{2}\right) \quad \cdots\cdots\cdots\cdots\cdots\cdots\cdots\cdots\cdots\cdots\cdots\cdots (5-8)$$

となる。ここで $v = V_m \sin \omega t$ とし，$I_m = V_m / X_L$ と置いている。

次に微分方程式を用いて考えてみる。

正弦波交流 i [A] を，
$$i = I_m \sin(\omega t)$$
とすると，誘導起電力 v_L [V] は「第2章第6節6．1」より，

$$v_L = \frac{\Delta \phi}{\Delta t} = \frac{L \Delta i}{\Delta t}$$

$$= L \frac{di}{dt} = L \frac{d(I_m \sin \omega t)}{dt} = \omega L \cdot I_m \cos \omega t$$

$$= \omega L \cdot I_m \sin \left(\omega t + \frac{\pi}{2} \right) = V_m \sin \left(\omega t + \frac{\pi}{2} \right)$$

ただし，$\phi = Li$

となり，電流は電圧より $\frac{\pi}{2}$ [rad]（90°）位相が遅れていることがわかる。ここでは大きさのみを扱うため，誘導起電力の負（マイナス）は考慮しない。

ここで，誘導起電力 v_L を基準（$v_L = V_m \sin \omega t$）として電流 i を考えると，電流の位相が $\frac{\pi}{2}$ [rad]（90°）遅れていることがわかったので，

$$i = I_m \sin \left(\omega t - \frac{\pi}{2} \right)$$

と表現できる。これは式（5－8）と同じである。

〔**例題2**〕 0.5H のインダクタンスをもつコイルに 50Hz，100V の交流電圧を加えると，何アンペアの電流が流れるか。また，その関係をベクトル図で示せ。

（**解**） 式（5－6）より，
$$X_L = 2\pi f L = 2 \times 3.14 \times 50 \times 0.5 = 157 \ \Omega$$
式（5－7）より，
$$I = \frac{V}{X_L} = \frac{100}{157} \fallingdotseq 0.64 \ A$$

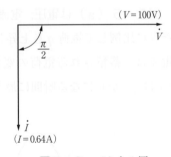

図5－3 ベクトル図

1．3 容量性リアクタンス回路（C 回路）

図5－4（a）に示すように，コンデンサに直流電圧 E [V] を加えると，回路を閉じた瞬間に大きな充電電流がコンデンサに流れ込み，電荷が蓄えられる。そして，コンデンサの端子電圧 V_C が印加電圧と等しくなったときに回路は平衡し（定常状態になったともいう），充電電流は流れなくなる。ここでコンデンサの静電容量を C [F]，蓄えられる電荷を Q [C]，電

第5章 交流回路

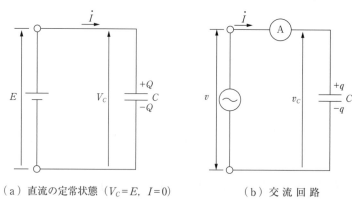

（a）直流の定常状態（$V_C = E$, $I = 0$）　　（b）交流回路

図5－4　容量性リアクタンス回路（C回路）

圧を V_C [V] とすると，「第3章第2節」で学んだように，

$$Q = CV_C \text{ 又は } C = \frac{Q}{V_C}$$

となる。

次に図5－4（b）の回路において，直流電圧 E の代わりに，正弦波交流電圧 v [V] を加えたときについて調べてみる。正弦波交流電圧 v の向きは，周期的に変化している。したがって，コンデンサの極板に蓄積される電荷 q [C] の極性も同じように，周期的に変化する。つまり，電荷はコンデンサの両極板を交互に，電源を通じて充放電作用を繰り返しており，回路に交流電流計を接続すると，ある電流値を指示し，ちょうどコンデンサの中を電流が流れたのと同じ結果を示す。

図5－5（a）は電圧，電流，電荷の時間変化を示したものである。電圧 v_C が上昇すると，それに比例して電荷 q も上昇し，v_C と q との関係は同相となる。また，電荷の蓄積に必要な電流は，蓄積される電荷の変化の割合に比例するので，正弦波交流のときは図のように v_C（又は q）が 0 になる瞬間に最大となり，q が最大になれば電流は 0 となる。この波形から，電

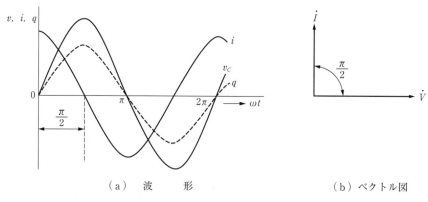

（a）波形　　　　　　　（b）ベクトル図

図5－5　容量性リアクタンス回路の波形及びベクトル図

流 i は電圧 v より $\pi/2$（90°）位相が進むことになる。図5-5（b）は，以上の関係をベクトル図で表したものである。

すなわち，$v = V_m \sin \omega t$ の電圧を加えたとき，流れる回路電流は $i = I_m \sin(\omega t + \pi/2)$ となる。

また，コンデンサも交流に対して，抵抗と同じように電流を抑えようと作用する。その作用の大きさを**容量性リアクタンス**といい，記号は X_C，単位には〔Ω〕を用いる。容量性リアクタンス X_C〔Ω〕と，静電容量（又は**キャパシタンス**ともいう）C〔F〕の関係は，次式で表される。

$$X_C = \frac{1}{\omega C} = \frac{1}{2\pi f C} \quad \cdots\cdots\cdots (5-9)$$

ただし，$\omega = 2\pi f$

すなわち，式（5-9）からも分かるように，X_C は抵抗のように一定の値ではなく，周波数に反比例して変化する。しかも，インダクタンス L の場合とは反対に周波数が高くなると容量性リアクタンス X_C は小さくなる。図5-6は，以上の関係を表したグラフである。

コンデンサに交流電圧 V を加えたときに流れる電流 I の大きさとの関係式は，次のようになる。

$$\left. \begin{array}{l} I = \dfrac{V}{X_C} = \dfrac{V}{\dfrac{1}{\omega C}} = \omega C V \\ V = X_C I = \dfrac{I}{\omega C} \end{array} \right\} \cdots (5-10)$$

瞬時値で表すと，$v = V_m \sin \omega t$ として，次のようになる。

$$i = I_m \sin\left(\omega t + \frac{\pi}{2}\right) \quad \cdots\cdots (5-11)$$

ただし，$I_m = \omega C V_m$

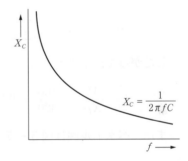

図5-6　容量性リアクタンスの特性

次に微分方程式を用いて考えてみる。

正弦波交流 v〔V〕を，

$$v = E_m \sin \omega t$$

とすると，電流 i〔V〕は「第3章第2節2.4」より，

$$i = C\frac{\Delta Q}{\Delta t} = C\frac{\Delta V}{\Delta t} = C\frac{dv}{dt} = C\frac{d(E_m \sin \omega t)}{dt} = \omega C \cdot E_m \cos \omega t$$

$$= I_m \sin\left(\omega t + \frac{\pi}{2}\right)$$

ただし，$I_m = \omega C V_m$

となり，微分を利用しても同じ結果になるので，電流は電圧より $\frac{\pi}{2}$ [rad]（90°）位相が進んでいることがわかる。

〔例題3〕 1μFのコンデンサを，50Hz，及び100Hzの交流回路に使用するときの，それぞれの容量性リアクタンスを求めよ。

（解）式（5－9）より，50Hzのときのリアクタンスは，

$$X_C = \frac{1}{2\pi f C} = \frac{1}{2 \times \pi \times 50 \times 1 \times 10^{-6}} ≒ 3\,200\,\Omega$$

100Hzのときも式（5－9）を使用してもよいが，容量性リアクタンスは周波数に反比例するから，比例算を用いて，50Hzのときの1/2になる。

$$\therefore X_C = \frac{3\,200}{2} = 1\,600\,\Omega$$

〔例題4〕 10μFのコンデンサに50Hz，100Vの交流電圧を加えるとき，コンデンサに流れる電流の大きさはいくらか。また，その関係をベクトル図で示せ。

（解）式（5－9）及び式（5－10）より，

$$X_C = \frac{1}{2\pi f C} = \frac{1}{2 \times \pi \times 50 \times 10 \times 10^{-6}} ≒ 320\,\Omega$$

したがって，

$$I = \frac{V}{X_C} = \frac{100}{320} ≒ 0.313\,\text{A}$$

また，ベクトル図は図5－7のように表せる。

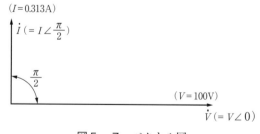

図5－7 ベクトル図

（注）誘導性リアクタンス，容量性リアクタンスのように性質の区別を要しないときは，単に**リアクタンス**といい，量記号は X，単位は [Ω] を用いる。

第2節　直列回路の計算

2.1　抵抗と誘導性リアクタンスの直列回路（R−L 直列回路）

いままで学んだことは，抵抗や誘導性リアクタンス，容量性リアクタンスが個々に存在する場合の，電圧，電流の大きさ及びそれらの間の位相の関係などだが，一般に交流回路では，これらの3つを組み合わせて使用する。

図5−8（a）のような抵抗 R [Ω] とインダクタンス L [H] の直列回路に，周波数 f [Hz] の電圧 $\dot{V}$ [V] を加えたとき，電流 $\dot{I}$ [A] が回路に流れたとすれば，抵抗 R の端子電圧 $\dot{V}_R$ [V] の大きさは，

$$V_R = RI$$

であり，誘導性リアクタンス X_L [Ω] の端子電圧 $\dot{V}_L$ [V] の大きさは，

$$V_L = X_L I$$

となる。各々を共通に流れる電流 $\dot{I}$ と，各々の端子電圧 $\dot{V}_R$，$\dot{V}_L$ の関係は，図5−8（b），（c）のようなベクトル図で示される。回路電流 $\dot{I}$ は，R と X_L の両方を共通に流れているので，電流 $\dot{I}$ を基準にして各々の関係をまとめて表すと，図5−8（d）のベクトル図ができる。図5−8（d）より，電源電圧（供給電圧）$\dot{V}$ は，

$$\dot{V} = \dot{V}_R + \dot{V}_L \quad\cdots\cdots\cdots\cdots\cdots\cdots\cdots\cdots\cdots\cdots\cdots\cdots\cdots\cdots\cdots (5-12)$$

で表される。なお，その絶対値 V [V] は，「ピタゴラスの定理」より，

$$V = \sqrt{(V_R)^2 + (V_L)^2}$$

となり，さらに，

$$V = \sqrt{(RI)^2 + (X_L I)^2} = I\sqrt{R^2 + X_L{}^2}$$

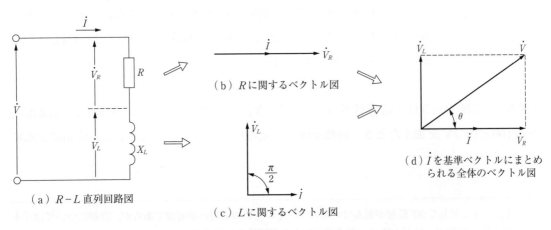

図5−8　R−L 直列回路図のベクトル図の合成法

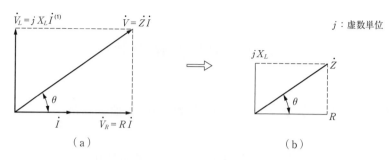

(a)図の各ベクトルにはIを共通にもっているので
$1/I$倍にするとき(b)図のベクトル図になる。

図5−9　$R-L$直列回路のインピーダンス

$$\therefore I = \frac{V}{\sqrt{R^2 + X_L^2}} = \frac{V}{Z} \quad\cdots\cdots\cdots\cdots\cdots\cdots\cdots\cdots\cdots\cdots\cdots\cdots (5-13)$$

となる。ここで，

$$Z = \sqrt{R^2 + X_L^2} \quad\cdots\cdots\cdots\cdots\cdots\cdots\cdots\cdots\cdots\cdots\cdots\cdots\cdots\cdots (5-14)$$

と置く。また，回路全体に加えられた電圧$\dot{V}$と，そのとき回路を流れる回路電流$\dot{I}$との位相関係は，

$$\left.\begin{array}{l} \tan\theta = \dfrac{V_L}{V_R} = \dfrac{X_L}{R} \\[2ex] \theta = \tan^{-1}\dfrac{X_L}{R}, \text{又は}\ \theta = \tan^{-1}\dfrac{\omega L}{R} \end{array}\right\} \quad\cdots\cdots\cdots\cdots\cdots\cdots\cdots (5-15)$$

であり，$R-L$回路では電圧$\dot{V}$に対して，電流$\dot{I}$はθだけ遅れる。

　以上より，$R-L$直列回路に電源電圧V[V]を加えると，電流I[A]が式(5−15)だけの位相差をもって流れる。この電流を制限しているのは，式(5−13)より，Zということがわかる。交流回路において，このZを**インピーダンス**と呼ぶ。

　式(5−13)より，インピーダンスは電流を制限する役割をする。さらに，インピーダンスに対する電圧と電流の関係式が，「第1章第2節2．1」における式(1−2)抵抗R[Ω]($=V/I$)と同じことから，インピーダンスの単位は[Ω]を用いることとしている。

〔例題5〕　抵抗$R=5\,\Omega$，誘導性リアクタンス$X_L=5\sqrt{3}\ \Omega$を直列に接続し，交流電圧$V=100\angle(0°)$Vを加えたとき，回路を流れる電流の大きさ$\dot{I}$と，電圧$\dot{V}$との位相差を求めよ。

---

(1)　$\dot{V}_L$は$\dot{I}$に対して90°位相が進んでいるので，そのための表現法が必要であるが，詳細については「本章第5節」で学ぶ。以下187ページまでは以上の表現法を使用する。

(**解**) 式（5-13），式（5-14）より，

$$Z = \sqrt{R^2 + X_L{}^2} = \sqrt{5^2 + (5\sqrt{3})^2} = 5\sqrt{4} = 10 \ \Omega$$

$$\therefore I = \frac{V}{Z} = \frac{100}{10} = 10 \ \text{A}$$

位相角 θ は，式（5-15）より，

$$\theta = \tan^{-1}\frac{X_L}{R} = \tan^{-1}\frac{5\sqrt{3}}{5} = \tan^{-1}\sqrt{3}$$

$$\therefore \tan\theta = \sqrt{3}$$

$$\therefore \theta = 60°$$

となり，電圧 V に対して，電流 I は 60° 遅れる。

〔**例題6**〕 インダクタンス 12.7mH，抵抗 3Ω の直列回路に 50Hz，100V の交流電圧を加えたとき，次の値を求めよ。

（1） 回路電流の大きさ I [A]
（2） リアクタンスによる電圧降下の大きさ V_L [V]
（3） 抵抗による電圧降下の大きさ V_R [V]

(**解**) リアクタンス $X_L = \omega L = 2\pi f L$

$$\therefore X_L = 2 \times 3.14 \times 50 \times 12.7 \times 10^{-3} \fallingdotseq 4 \ \Omega$$

式（5-14）により，合成インピーダンス Z は，

$$Z = \sqrt{3^2 + 4^2} = 5 \ \Omega$$

式（5-13）により，I は，

$$I = \frac{V}{Z} = \frac{100}{5} = 20 \ \text{A}$$

リアクタンスの電圧降下 V_L は，

$$V_L = X_L I = 4 \times 20 = 80 \ \text{V}$$

抵抗による電圧降下 V_R は，

$$V_R = RI = 3 \times 20 = 60 \ \text{V}$$

ところで，例題6を参考にして電源電圧 V と二つの電圧降下（V_R と V_L）の関係が，式（5-12）のように，

$$\dot{V} = \dot{V}_R + \dot{V}_L$$

として成り立つかどうかを確かめてみると，次のようになる。

$$100 = \sqrt{60^2 + 80^2}$$

このことから，ベクトルの計算方法を忘れて，$V = V_R + V_L = 60 + 80 = 140$ のような計算を行えば，以降の計算は全て誤りとなるので注意すべきである。

2.2 抵抗と容量性リアクタンスの直列回路（*R−C* 直列回路）

図 5 − 10（a）のような抵抗 R [Ω] と，容量性リアクタンス X_C [Ω] の直列回路に周波数 f [Hz] の電圧 $\dot{V}$ [V] を加えたとき，電流 $\dot{I}$ [A] が回路に流れたとすれば，抵抗 R [Ω] の端子電圧 $\dot{V}_R$ [V] の大きさは，

$$V_R = RI$$

となり，容量性リアクタンス X_C の端子電圧 $\dot{V}_C$ [V] の大きさは，

$$V_C = X_C I$$

で表される。各々を流れる電流 $\dot{I}$ と，各々の端子電圧 $\dot{V}_R$，$\dot{V}_C$ の関係は，図 5 − 10（b），（c）のようなベクトル図で示される。回路電流 $\dot{I}$ は，R と X_C の両方を共通に流れているので，電流 $\dot{I}$ を基準にして各々の関係をまとめて表すと，図 5 − 10（d）のベクトル図ができる。

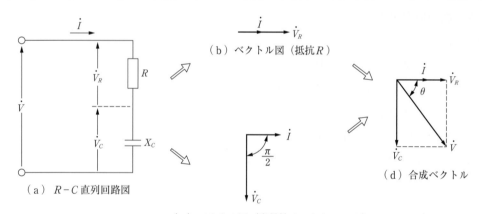

（a）*R-C* 直列回路図
（b）ベクトル図（抵抗 *R*）
（c）ベクトル図（容量性リアクタンス X_C）
（d）合成ベクトル

図 5−10　*R−C* 直列回路のベクトル図

図 5 − 10（d）より電源電圧（供給電圧）$\dot{V}$ は

$$\dot{V} = \dot{V}_R + \dot{V}_C \quad \cdots\cdots\cdots\cdots\cdots\cdots\cdots\cdots\cdots\cdots \text{（5 − 16）}$$

で表される。なお，その絶対値 V [V] は，「ピタゴラスの定理」より，

$$V = \sqrt{V_R^2 + V_C^2}$$

となる。さらに，

$$V = \sqrt{(RI)^2 + (X_C I)^2} = I\sqrt{R^2 + X_C^2}$$

$$\therefore \quad I = \frac{V}{\sqrt{R^2 + X_C^2}} \quad \cdots\cdots\cdots\cdots\cdots\cdots\cdots\cdots \text{（5 − 17）}$$

となり，ここで，

$$Z = \sqrt{R^2 + X_C^2} \quad \cdots\cdots\cdots\cdots\cdots\cdots\cdots\cdots\cdots\cdots \text{（5 − 18）}$$

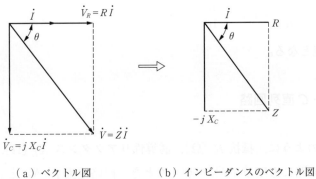

(a) ベクトル図　　　(b) インピーダンスのベクトル図

図5－11　$R-C$ 直列回路のインピーダンス

と置けば，この Z [Ω] を $R-C$ 直列回路における**インピーダンス**という。また，R，X_C，Z の各々の性質の関係をベクトル図で示すと，図5－11のようになる。

また，回路全体に加えられた電圧 $\dot{V}$ と，そのとき，回路を流れる電流 $\dot{I}$ との位相関係は，

$$\left.\begin{aligned}\tan\theta &= \frac{V_C}{V_R} = \frac{X_C}{R} \\ \therefore \theta &= \tan^{-1}\frac{X_C}{R} = \tan^{-1}\frac{1}{\omega CR}\end{aligned}\right\} \quad\cdots\cdots\cdots\cdots (5-19)$$

であり，$R-C$ 直列回路では電圧 $\dot{V}$ に対して，電流 $\dot{I}$ は θ だけ進む。

〔**例題7**〕　抵抗 $R = 10\Omega$，容量性リアクタンス $X_C = 10\Omega$ の $R-C$ 直列回路に交流電圧 $100 \angle (0°)$ V を加えたとき，次の値を求めよ。
(1) 回路電流の大きさ I [A]
(2) 容量性リアクタンスにおける電圧降下の大きさ V_C [V]
(3) 抵抗における電圧降下の大きさ V_R [V]
(4) 電圧と電流の位相差 θ

(**解**)　式（5－17），式（5－18）より，
$$Z = \sqrt{R^2 + X_C{}^2} = \sqrt{10^2 + 10^2} \fallingdotseq 14\ \Omega$$

$$\therefore I = \frac{V}{Z} = \frac{100}{14} \fallingdotseq 7.1\ \text{A}$$

容量性リアクタンスにおける電圧降下 V_C は，
$$V_C = X_C I = 10 \times 7.1 = 71\ \text{V}$$

抵抗における電圧降下 V_R は，
$$V_R = RI = 10 \times 7.1 = 71\ \text{V}$$

また，位相角は式（5－19）より，

$$\theta = \tan^{-1}\frac{X_C}{R} = \tan^{-1}\frac{10}{10} = 45°$$

であり，進み電流となる。

2.3 R-L-C直列回路

図5-12（a）のように，抵抗 R [Ω]，誘導性リアクタンス X_L [Ω]，容量性リアクタンス X_C [Ω] の直列回路に電圧 $\dot{V}$ [V] を加えたとき，回路電流 $\dot{I}$ [A] と各々の端子電圧 $\dot{V}_R$，$\dot{V}_L$，$\dot{V}_C$ の関係を調べてみよう。図5-12（b）は，$V_L > V_C$ のときのベクトル図で，X_L が X_C より大きいために，リアクタンス電圧降下 V_X の大きさは，

$$V_X = V_L - V_C > 0$$

となり，$\dot{V}_R$ より π/2 進む位相になる。したがって，

$$V = \sqrt{V_R^2 + (V_X)^2} = I\sqrt{R^2 + (X_L - X_C)^2} \quad \cdots\cdots (5-20a)$$

ここで，

$$Z = \sqrt{R^2 + (X_L - X_C)^2} = \sqrt{R^2 + \left(\omega L - \frac{1}{\omega C}\right)^2}$$

と置けば，

$$I = \frac{V}{Z}, \quad V = IZ, \quad Z = \frac{V}{I} \quad \cdots\cdots (5-20b)$$

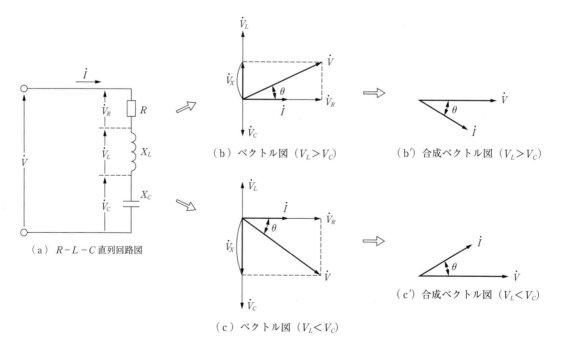

（a）R-L-C直列回路図
（b）ベクトル図（$V_L > V_C$）
（b'）合成ベクトル図（$V_L > V_C$）
（c）ベクトル図（$V_L < V_C$）
（c'）合成ベクトル図（$V_L < V_C$）

図5-12　R-L-C直列回路のベクトル図

Z [Ω] はこの回路の合成インピーダンスを表しており，$\omega L > \dfrac{1}{\omega C}$ の場合，**誘導性のインピーダンス**をもった回路という。このときの電源電圧 $\dot{V}$ と回路電流 $\dot{I}$ との位相差 θ は，

$$\theta = \tan^{-1}\frac{X_L - X_C}{R} = \tan^{-1}\frac{\omega L - \dfrac{1}{\omega C}}{R} \quad \cdots\cdots\cdots (5-21)$$

となり，電源電圧 $\dot{V}$ に対して回路電流 $\dot{I}$ は θ だけ遅れる。

また，図5-12（c）は，$V_L < V_C$ のときのベクトル図で，X_L が X_C より小さい場合にこのようになる。このときリアクタンス電圧降下 V_X は $V_X = V_L - V_C < 0$ となり，V_R より $\pi/2$ 遅れる位相となる。したがって，前述とは逆に**容量性のインピーダンス**となる。しかし，合成インピーダンス Z の式は，前述の誘導性インピーダンスと同じく，

$$Z = \sqrt{R^2 + (X_L - X_C)^2}$$

で表される。位相差 θ は，

$$\theta = \tan^{-1}\frac{\omega L - \dfrac{1}{\omega C}}{R}$$

となるが，θ は負（－）の角である。θ が負（－）となった場合は，図5-12（c'）からも分かるように，電圧 V に対して電流 I は，位相が進んでいることを意味している。

今まで学んだことをまとめて示すと，表5-1のようになる。

表5-1 直列回路の性質

回路構成	抵抗，リアクタンス又はインピーダンス [Ω]	電流 I [A]（電圧 V [V]）	電圧と電流の位相関係
R	R	$\dfrac{V}{R}$	同相
L	ωL	$\dfrac{V}{\omega L}$	$\dfrac{\pi}{2}$ の遅れ電流
C	$\dfrac{1}{\omega C}$	$\omega C V$	$\dfrac{\pi}{2}$ の進み電流
$R-L$ 直列回路	$\sqrt{R^2 + (\omega L)^2}$	$\dfrac{V}{\sqrt{R^2 + (\omega L)^2}}$	$\theta = \tan^{-1}\dfrac{\omega L}{R}$ だけ電流は遅れる
$R-C$ 直列回路	$\sqrt{R^2 + \left(\dfrac{1}{\omega C}\right)^2}$	$\dfrac{V}{\sqrt{R^2 + \left(\dfrac{1}{\omega C}\right)^2}}$	$\theta = \tan^{-1}\dfrac{1}{\omega C R}$ だけ電流は進む
$R-L-C$ 直列回路 $\omega L - \dfrac{1}{\omega C} > 0$ のとき	$\sqrt{R^2 + \left(\omega L - \dfrac{1}{\omega C}\right)^2}$	$\dfrac{V}{\sqrt{R^2 + \left(\omega L - \dfrac{1}{\omega C}\right)^2}}$	$\theta = \tan^{-1}\dfrac{\omega L - \dfrac{1}{\omega C}}{R}$ だけ電流は遅れる
$R-L-C$ 直列回路 $\dfrac{1}{\omega C} - \omega L > 0$ のとき	$\sqrt{R^2 + \left(\dfrac{1}{\omega C} - \omega L\right)^2}$	$\dfrac{V}{\sqrt{R^2 + \left(\dfrac{1}{\omega C} - \omega L\right)^2}}$	$\theta = \tan^{-1}\dfrac{\dfrac{1}{\omega C} - \omega L}{R}$ だけ電流は進む

〔例題8〕 抵抗3Ω，誘導性リアクタンス5Ω，容量性リアクタンス1Ωの直列回路に交流電圧 100∠(0°)V を加えたとき，回路を流れる電流 I，また，電圧 V と電流 I との位相角を求めよ。

(解) 式（5 − 20），式（5 − 21）より，

$$Z = \sqrt{R^2 + (X_L - X_C)^2} = \sqrt{3^2 + (5-1)^2} = 5 \ \Omega$$

$$I = \frac{V}{Z} = \frac{100}{5} = 20 \ \text{A}$$

$$\theta = \tan^{-1} \frac{X_L - X_C}{R} = \tan^{-1} \frac{5-1}{3} = 53.1°$$

よって，I は V よりも 53.1° だけ位相が遅れる。

2.4 直列共振

図5 − 13 において X_L と X_C が等しい場合，回路の合成インピーダンスは，リアクタンス成分が打ち消し合い，みかけは抵抗 R のみとなる。このように $\omega L(=X_L) = \frac{1}{\omega C}(=X_C)$ の状態になったとき，**直列共振**又は**電圧共振**の状態にあるという。この場合，抵抗の端子電圧 $\dot{V}_R$ は，

$$\dot{V}_R = R\dot{I} = R\frac{\dot{V}}{R} = \dot{V} \quad \cdots\cdots\cdots\cdots\cdots\cdots\cdots\cdots\cdots\cdots\cdots\cdots\cdots\cdots\cdots\cdots\cdots (5 - 22)$$

一方，各リアクタンスの端子電圧の大きさは，

$$V_L = V_C = \left(\frac{X_L}{R}\right) V = \left(\frac{X_C}{R}\right) V = QV \quad \cdots\cdots\cdots\cdots\cdots\cdots\cdots\cdots (5 - 23)$$

と表せる。ここで，

$$Q = \frac{X_L}{R} = \frac{X_C}{R}$$

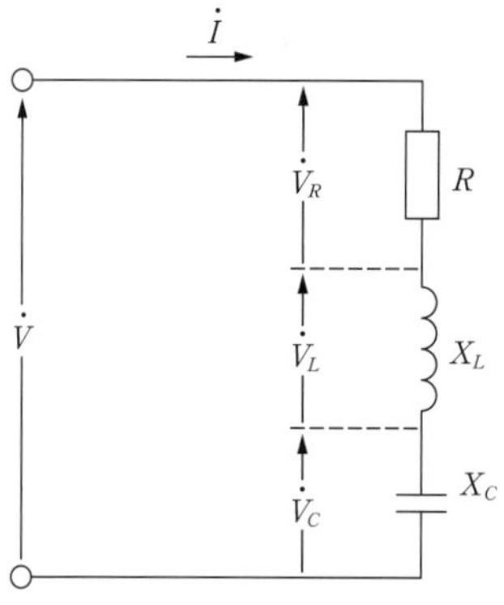

（a）$R-L-C$ 直列回路 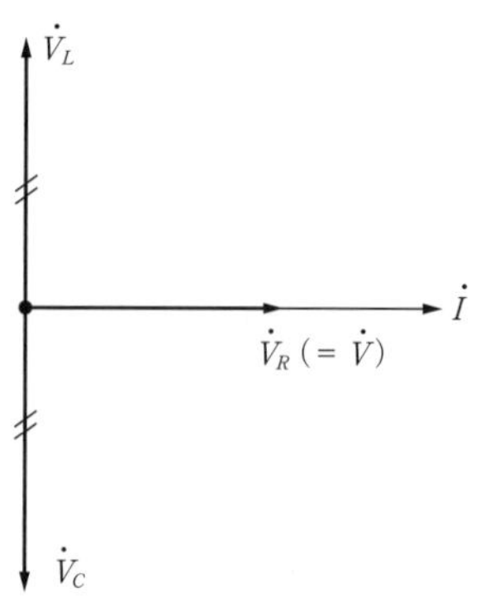　　　　　　（b）ベクトル図

図5 − 13　$X_L = X_C$ の場合

この式（5－23）が成り立つときの X_L と X_C が，共振時のリアクタンスである。Q が大きい場合（$Q \gg 1$），各リアクタンスの端子電圧は，回路に印加される電圧 V の Q 倍に上昇することになる。この Q を，"**共振特性の良さの指標**" という。

図5－14のように，X_L 及び X_C は周波数の増減により，その値が変化する。X_L は周波数に比例して大きくなり，X_C は周波数に反比例して小さくなる。

したがって，ある周波数 f_0 [Hz] で，両者は値が等しくなり（$X_L = X_C$），共振状態になる。このときの f_0 を**共振周波数**という。

周波数 f_0 のとき，

$$2\pi f_0 L = \frac{1}{2\pi f_0 C}$$

となり，共振周波数 f_0 [Hz] は，

$$f_0 = \frac{1}{2\pi\sqrt{LC}} \quad\quad\quad\quad\quad\quad\quad\quad\quad\quad\quad\quad (5-24)$$

となる。

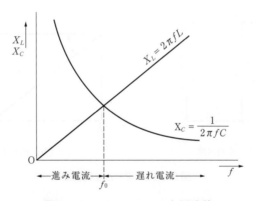

図5－14　リアクタンスと周波数

〔**例題9**〕　あるコイルに，100pF のコンデンサを直列に接続して，600kHz の周波数で共振させるためには，コイルのインダクタンスをいくらにすればよいか。

（**解**）　式（5－24）より，

$$f_0 = \frac{1}{2\pi\sqrt{LC}}$$

$$\therefore L = \frac{1}{(2\pi f_0)^2 C} = \frac{1}{(2\pi \times 600 \times 10^3)^2 \times 100 \times 10^{-12}}$$

$$= \frac{1}{144\pi^2} = 0.0007\,\mathrm{H} = 0.7\,\mathrm{mH}$$

第3節　並列回路の計算

3.1　抵抗と誘導性リアクタンスの並列回路（*R−L* 並列回路）

図5−15（a）に示す抵抗 R [Ω] と誘導性リアクタンス X_L [Ω] の並列回路に，交流電圧 $\dot{V}$ [V] を加えたとき，電源から流れる電流を $\dot{I}$ [A] とし，R, L を流れる電流を $\dot{I}_R$ [A]，$\dot{I}_L$ [A] とすれば，それぞれの電流の大きさは，

$$I_R = \frac{V}{R}, \quad I_L = \frac{V}{X_L}$$

である。このとき，$\dot{I}_R$ は $\dot{V}$ と同相，$\dot{I}_L$ は電圧 $\dot{V}$ より位相が $\pi/2$ 遅れる。以上の関係をベクトル図で表すと，図5−15（b）のようになる。

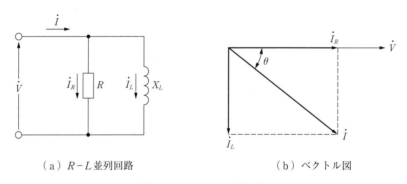

（a）*R−L* 並列回路　　　　（b）ベクトル図

図5−15　*R−L* 並列回路

$$\dot{I} = \dot{I}_R + \dot{I}_L$$
$$\therefore I = \sqrt{I_R{}^2 + I_L{}^2} \quad\cdots\cdots\cdots\cdots\cdots\cdots\cdots\cdots\cdots\cdots\cdots\cdots\cdots\cdots\cdots\cdots\cdots\cdots\cdots\cdots (5-25)$$

ここで，$I_R = V/R$，$I_L = V/X_L$ であるから式（5−25）は，

$$I = \sqrt{\left(\frac{V}{R}\right)^2 + \left(\frac{V}{X_L}\right)^2} = V\sqrt{\left(\frac{1}{R}\right)^2 + \left(\frac{1}{X_L}\right)^2}$$

$$= V\sqrt{\left(\frac{1}{R}\right)^2 + \left(\frac{1}{\omega L}\right)^2} \quad\cdots\cdots\cdots\cdots\cdots\cdots\cdots (5-26)$$

となる。したがって，次のようになる。

$$Z = \frac{V}{I} = \frac{1}{\sqrt{\left(\frac{1}{R}\right)^2 + \left(\frac{1}{\omega L}\right)^2}}$$

Z [Ω] をその回路のインピーダンスと呼び，次式で表す。

$$Z = \frac{1}{\sqrt{\left(\frac{1}{R}\right)^2 + \left(\frac{1}{\omega L}\right)^2}}$$

また，V と I の位相差 θ は，

$$\tan\theta = \frac{I_L}{I_R} = \frac{\frac{1}{\omega L}}{\frac{1}{R}} = \frac{R}{\omega L} = \frac{R}{2\pi f L}$$

$$\therefore \theta = \tan^{-1}\frac{R}{2\pi f L} \quad\quad\quad\quad\quad\quad\quad\quad\quad\quad\quad (5-27)$$

で表され，遅れ電流になる。

〔例題10〕抵抗 $R = 2.5\Omega$ と，誘導性リアクタンス $X_L = 10/3\Omega$ を並列に接続した回路に交流 $100\angle(0°)$V を加えたとき，抵抗を流れる電流の大きさ I_R，誘導性リアクタンスを流れる電流の大きさ I_L と電源を流れる電流の大きさ I を求めよ。

(解)
$$I_R = \frac{V}{R} = \frac{100}{2.5} = 40\text{ A}$$

$$I_L = \frac{V}{X_L} = \frac{100}{\frac{10}{3}} = 30\text{ A}$$

電源電流 I は，式（5-25）より，
$$I = \sqrt{I_R^2 + I_L^2} = \sqrt{40^2 + 30^2} = 50\text{ A}$$

3.2 抵抗と容量性リアクタンスの並列回路（R−C 並列回路）

図5-16（a）に示す抵抗 R [Ω] と容量性リアクタンス X_C [Ω] の並列回路に，交流電圧 $\dot{V}$ [V] を加えたとき，電源を流れる電流を $\dot{I}$ [A] とし，R，C を流れる電流を $\dot{I}_R$ [A]，$\dot{I}_C$ [A] とすれば，それぞれの電流の大きさは，

$$I_R = \frac{V}{R},\quad I_C = \frac{V}{X_C}$$

である。このとき，$\dot{I}_R$ は $\dot{V}$ と同相となり，$\dot{I}_C$ は電圧 $\dot{V}$ より位相が $\pi/2$ 進むことになる。以上の関係をベクトル図で表すと，図5-16（b）となる。

「キルヒホッフの電流則」より，

$$\dot{I} = \dot{I}_R + \dot{I}_C$$

$$\therefore I = \sqrt{I_R^2 + I_C^2}\text{ [A]} \quad\quad\quad\quad\quad\quad\quad\quad\quad (5-28)$$

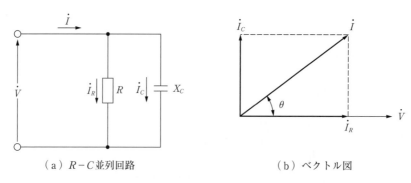

（a）$R-C$並列回路　　　　（b）ベクトル図

図5−16　$R-C$並列回路

$I_R = V/R$, $I_C = V/X_C$ より，式（5−28）は，

$$I = \sqrt{\left(\frac{V}{R}\right)^2 + \left(\frac{V}{X_C}\right)^2} = V\sqrt{\left(\frac{1}{R}\right)^2 + \left(\frac{1}{X_C}\right)^2}$$

$$I = V\sqrt{\left(\frac{1}{R}\right)^2 + (\omega C)^2} \quad \cdots\cdots\cdots\cdots\cdots\cdots\cdots\cdots\cdots\cdots\cdots\cdots\cdots (5-29)$$

$$\therefore Z = \frac{1}{\sqrt{\left(\frac{1}{R}\right)^2 + (\omega C)^2}} \quad \cdots\cdots\cdots\cdots\cdots\cdots\cdots\cdots\cdots\cdots (5-30)$$

Z〔Ω〕は，この回路のインピーダンスを表している。また，$\dot{V}$と$\dot{I}$の位相差θは，

$$\tan\theta = \frac{I_C}{I_R} = \frac{\omega C}{\frac{1}{R}} = \omega CR$$

$$\therefore \theta = \tan^{-1}\omega CR \quad \cdots\cdots\cdots\cdots\cdots\cdots\cdots\cdots\cdots\cdots\cdots\cdots\cdots\cdots\cdots (5-31)$$

で表され，進み電流になる。

〔**例題 11**〕 抵抗 $R = 20\Omega$ と，容量性リアクタンス $X_C = 20\Omega$ を並列に接続し，交流電圧 $100\angle(0°)$V を加えたとき，回路に流れる全電流の大きさI，抵抗Rを流れる電流の大きさI_R，容量性リアクタンスX_Cを流れる電流の大きさI_Cを求めよ。また，電源電圧$\dot{V}$と電源を流れる電流$\dot{I}$の位相差を求めよ。

（**解**）　　$I_R = \dfrac{V}{R} = \dfrac{100}{20} = 5$ A

$I_C = \dfrac{V}{X_C} = \dfrac{100}{20} = 5$ A

全回路電流Iは，式（5−28）より，

$I = \sqrt{5^2 + 5^2} = \sqrt{50} \fallingdotseq 7.07$ A

位相角θは，式（5−31）より，

$$\theta = \tan^{-1}\frac{I_C}{I_R} = \tan^{-1}\frac{5}{5} = \tan^{-1}1 = 45°$$

3.3　$R-L-C$ 並列回路

　図5-17（a）に示すR，L，Cを並列にした回路において，回路の全体を流れる電流を$\dot{I}$[A]とし，R，L，Cに流れる電流をそれぞれ，$\dot{I}_R$[A]，$\dot{I}_L$[A]，$\dot{I}_C$[A]とすれば，このとき，$\dot{I}_R$は$\dot{V}$[V]に同相，$\dot{I}_L$は$\dot{V}$に対して$\pi/2$だけ遅れ，$\dot{I}_C$は$\pi/2$だけ進むことになる。以上の関係をベクトル図で表すと図5-17（b）のようになる。

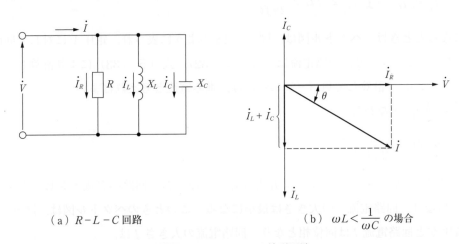

（a）$R-L-C$回路　　　　　（b）$\omega L < \dfrac{1}{\omega C}$ の場合

図5-17　$R-L-C$並列回路

したがって，
$$\dot{I} = \dot{I}_R + \dot{I}_L + \dot{I}_C$$
$$\therefore I = \sqrt{I_R{}^2 + (I_L - I_C)^2} \quad\cdots\cdots（5-32）$$

$$I = \sqrt{\left(\frac{V}{R}\right)^2 + \left(\frac{V}{X_L} - \frac{V}{X_C}\right)^2}$$

$$I = V\sqrt{\left(\frac{1}{R}\right)^2 + \left(\frac{1}{2\pi fL} - 2\pi fC\right)^2} \quad\cdots\cdots（5-33）$$

ゆえに，
$$Z = \frac{V}{I} = \frac{1}{\sqrt{\left(\dfrac{1}{R}\right)^2 + \left(\dfrac{1}{2\pi fL} - 2\pi fC\right)^2}} \quad\cdots\cdots（5-34）$$

Z[Ω]は，この回路のインピーダンスを表している。また，VとIとの位相差θは，

$$\tan\theta = \left(\frac{1}{X_L} - \frac{1}{X_C}\right)R$$

$$\theta = \tan^{-1}\left(\frac{1}{2\pi fL} - 2\pi fC\right)R \quad\cdots\cdots\cdots\cdots\cdots\cdots\cdots\cdots\cdots\cdots\cdots\cdots\cdots\cdots \quad (5-35)$$

となる。以上は，回路において，

$$I_L > I_C \text{ つまり，} 2\pi fL < \frac{1}{2\pi fC}$$

の条件の場合であるが，回路が，

$$I_L < I_C \text{ つまり，} 2\pi fL > \frac{1}{2\pi fC}$$

の条件になったときは，ベクトル図は，図5－18のように表され，電圧 $\dot{V}$ に対して回路電流 $\dot{I}$ は進むことになる。一般に回路電流は，式（5－32），式（5－33）により計算し，位相角 θ を式（5－35）で計算して負（－）になれば，進み電流と考えればよい。

また，$I_L = I_C$ すなわち，

$$2\pi fL = \frac{1}{2\pi fC}$$

の条件が回路において成立すると $Z = R$ となる。すなわち，回路の合成インピーダンスは抵抗 R だけになり，回路電流 I の大きさは最小になる。このときのベクトル図は，図5－19のように電圧 $\dot{V}$ と回路電流 $\dot{I}$ は同位相となり，回路電流の大きさ $\dot{I}$ は，

$$I = \frac{V}{R} \quad\cdots\cdots\cdots\cdots\cdots\cdots\cdots\cdots\cdots\cdots\cdots\cdots\cdots\cdots\cdots\cdots\cdots\cdots\cdots\cdots\cdots\cdots\cdots\cdots \quad (5-36)$$

で表される。

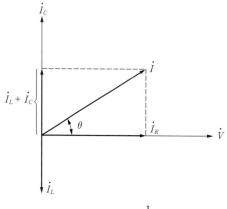

図5－18　$\omega L < \frac{1}{\omega C}$ の場合

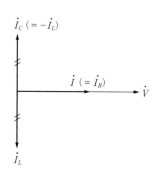

図5－19　$R-L-C$ 並列共振

このような現象を**並列共振**，**反共振**又は**電流共振**などと呼ぶ。このときの共振周波数 f_0 は，式（5－24）（直列共振）と同じく，

$$f_0 = \frac{1}{2\pi\sqrt{LC}}$$

で求められる。

なお，この並列共振現象は，交流の電気装置（設備）が動作するのに必要なエネルギーを，電源から最も効果的に供給するための技術（これを**力率改善**という。「第5章第4節4.3」参照）として応用されている。

第4節 交流の電力

4.1 電力と力率

直流回路においては，電圧 V [V]，電流 I [A] の場合の電力 P [W] は，$P = VI$ [W] で表される。これに対して交流では電圧，電流ともに時々刻々変化し，そのうえ電圧と電流の位相差の関係などもあるので，電力の計算は直流回路のようにはいかない。しかし，直流，交流のいずれの場合でも瞬時電力 p [W] については，電圧×電流で求められる。

$$p = vi \quad\quad\quad\quad\quad\quad\quad\quad\quad\quad\quad\quad\quad\quad\quad\quad\quad\quad\quad\quad (5-37)$$

R，L，C で構成される交流負荷が正弦波交流電源で動作するとき，負荷が吸収する電力の波形は，一般に，ある正の値だけずれながら正弦波的に変化する。

交流の電力は，1周期の瞬時電力の平均値で表す。図5-20（a）のように，電圧 v と電

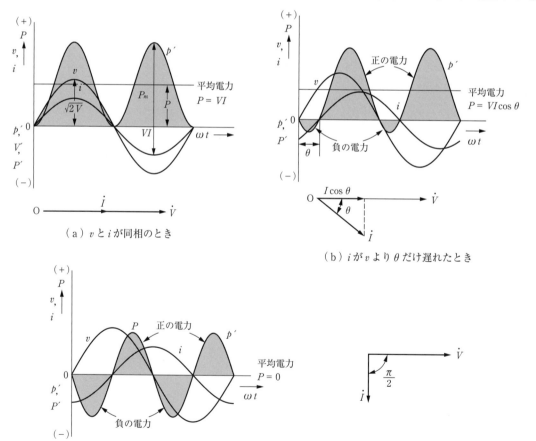

図5-20　電力 P の波形と平均値

流 i が同相の場合，p（両者の積の波形）はどの瞬間でも，常に正の値を示し，平均電力 P は，この回路に交流の実効値に等しい直流電流を流したとき消費する電力に等しい。つまり，電圧と電流が同相である場合には，

$$P = VI$$

で表すことができる。

しかし，図5−20（b）のように，電流 i が電圧 v より θ だけ位相が遅れているときは，電圧 v と電流 i との積，すなわち，電力の波形は正と負にまたがった正弦波形となる。波形の正の部分では電力が消費され，逆に，負の部分では電源に対して電力を送り返していることを意味している。正，負が部分的に打ち消しあうような働きを行うので，電力（1周期の平均値）は少なくなる。

一般に電圧，電流の間に位相差 θ があるときは，V と I の積の一部分，

$$P = VI\cos\theta \cdots\cdots\cdots\cdots\cdots\cdots\cdots\cdots\cdots\cdots\cdots\cdots\cdots (5-38)$$

が有効に働く電力となる。上式中の $\cos\theta$ を**力率**又は**パワー・ファクター**という。交流回路における電力は，電流が電圧より進んでいても（容量性回路），遅れていても（誘導性回路），式（5−38）の計算式で決まる。

力率は，

$$\cos\theta = \frac{P}{VI} \text{又は，} \frac{P}{VI}\times 100\% \cdots\cdots\cdots\cdots\cdots\cdots\cdots\cdots\cdots (5-39)$$

で表す。力率は正の値をもち，かつ最大1（又は100％）であるが，**進み力率**（電圧より電流が進む位相）と**遅れ力率**（電圧より電流が遅れた位相）という用語で，回路の性質を表現することが多いので注意しなければならない。

また，図5−20（c）のような誘導性リアクタンス X_L，さらには容量性リアクタンス X_C のような回路では，$\pi/2$ だけの位相差があるので，電力の瞬時値は，電圧（又は電流）の1/4周期ごとに正，負と変化する。しかも正と負の値は全く等しいので，平均すれば0になり，電力は消費されない。つまり，ベクトル表示で，$\dot{V}$ と直角位相の $\dot{I}$ による電力 P は，

$$P = VI\cos\theta = VI\times 0 = 0$$

となる。

4.2　皮相・有効・無効電力

交流回路の電力は，電圧 V [V] と電流 I [A] の積に力率 $\cos\theta$ を掛けたものであり，両者の位相差によって異なる。電圧と電流の間に位相差があるときは，実際に消費される電力は，電圧，電流の実効値の積より小さくなる。電圧と電流のそれぞれの実効値の積を**皮相電力**といい，量記号は S，単位はボルトアンペア（volt ampere，単位記号 [V･A]），大きさによって

はキロボルトアンペア（kilo volt ampere，単位記号［kV・A］）[(2)]などを用いる。

$$S = VI \quad \cdots\cdots\cdots\cdots\cdots\cdots\cdots\cdots\cdots\cdots\cdots\cdots\cdots\cdots\cdots\cdots\cdots\cdots\cdots\cdots\cdots\cdots (5-40)$$

ある回路の電流 I の位相が，電圧 V より θ だけ遅れるときのベクトル図は，図5－21のようになり，電圧 V と同相の電流成分 $I\cos\theta$ を**有効電流**（又は電流の有効分）という。また，電圧と有効電流との積を**有効電力**といい，量記号は P，単位はワット（watt，単位記号［W］）又はキロワット（kilo watt，単位記号［kW］）などを用いる。

$$P = VI\cos\theta \quad \cdots\cdots\cdots\cdots\cdots\cdots\cdots\cdots\cdots\cdots\cdots\cdots\cdots\cdots\cdots\cdots\cdots\cdots (5-41)$$

電圧 V と直角の電流成分 $I\sin\theta$ を**無効電流**（又は電流の無効分），電圧と無効電流の積を**無効電力**といい，量記号は Q，単位はバール（var，単位記号［var］）又はキロバール（kilo var，単位記号［kvar］）などを用いる。

$$Q = VI\sin\theta \quad \cdots\cdots\cdots\cdots\cdots\cdots\cdots\cdots\cdots\cdots\cdots\cdots\cdots\cdots\cdots\cdots\cdots\cdots (5-42)$$

回路のインピーダンスを Z，抵抗を R，リアクタンスを X とすれば，

皮相電力　$S = VI = I^2 Z$

有効電力　$P = VI\cos\theta = I^2 Z \times \dfrac{R}{Z} = I^2 R$

無効電力　$Q = VI\sin\theta = I^2 Z \times \dfrac{X}{Z} = I^2 X$

となる。したがって，

$$\left.\begin{aligned}\cos\theta &= \frac{P}{S} = \frac{R}{Z} \\ \sin\theta &= \frac{Q}{S} = \frac{X}{Z}\end{aligned}\right\} \quad \cdots\cdots\cdots\cdots\cdots\cdots\cdots\cdots\cdots\cdots\cdots\cdots (5-43)$$

S，P，Q の間には，図5－22に示すように，

$$S = \sqrt{P^2 + Q^2} \quad \cdots\cdots\cdots\cdots\cdots\cdots\cdots\cdots\cdots\cdots\cdots\cdots\cdots\cdots\cdots\cdots (5-44)$$

の関係がある。

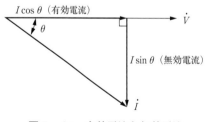
図5－21　有効電流と無効電流

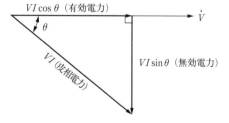
図5－22　交流電力のベクトル図

(2)　ケイ・ブイ・エーとアルファベット読みする場合が多い。

また，$\sin^2\theta + \cos^2\theta = 1$ より $\sin\theta$ と $\cos\theta$ との間には，次の関係がある。式（5 – 43）の計算の際に利用できる。

$$\sin\theta = \sqrt{1 - \cos^2\theta}$$
$$\cos\theta = \sqrt{1 - \sin^2\theta}$$

〔例題12〕 抵抗 $R = 4\,\Omega$ と，誘導性リアクタンス $X_L = 3\,\Omega$ の直列回路に，交流 $100\angle(0°)$ V を加えたとき，皮相電力，有効電力，無効電力及び回路の力率を求めよ。

（解） インピーダンス Z は，

$$Z = \sqrt{R^2 + X_L{}^2} = \sqrt{4^2 + 3^2} = 5\,\Omega$$

回路電流 I は，

$$I = \frac{V}{Z} = \frac{100}{5} = 20\,\text{A}$$

力率 $\cos\theta$ は，式（5 – 43）より，

$$\cos\theta = \frac{R}{Z} = \frac{4}{5} = 0.8$$

無効率 $\sin\theta$ は，

$$\sin\theta = \frac{X}{Z} = \frac{3}{5} = 0.6$$

したがって，次のようになる。

皮相電力　$S = VI = 100 \times 20 = 2\,000\,\text{V}\cdot\text{A} = 2\,\text{kV}\cdot\text{A}$
有効電力　$P = VI\cos\theta = 100 \times 20 \times 0.8 = 1\,600\,\text{W} = 1.6\,\text{kW}$
無効電力　$Q = VI\sin\theta = 100 \times 20 \times 0.6 = 1\,200\,\text{var} = 1.2\,\text{kvar}$

〔例題13〕 抵抗 $R = 12\,\Omega$ と，容量性リアクタンス $X_C = 9\,\Omega$ を直列に接続し，交流の $300\angle(0°)$ V を加えたとき，回路電流 I の有効分と無効分の大きさを求めよ。

（解） インピーダンス Z は，

$$Z = \sqrt{R^2 + X_C{}^2} = \sqrt{12^2 + 9^2} = 15\,\Omega$$

回路電流の大きさ I は，

$$I = \frac{V}{Z} = \frac{300}{15} = 20\,\text{A}$$

したがって，電流の有効分の大きさは，

$$I\cos\theta = I \times \frac{R}{Z} = 20 \times \frac{12}{15} = 16\,\text{A}$$

となり，電流の無効分の大きさは，次のようになる。

$$I\sin\theta = I \times \frac{X_C}{Z} = 20 \times \frac{9}{15} = 12 \text{ A}$$

4.3 力率の改善

力率の低い[(3)]負荷を使う場合なら負荷側で,ある手段によって力率を1に近づけると,電源の出力能力を最大限に利用できる。このことを図5−23を使って少し詳しく説明しよう。

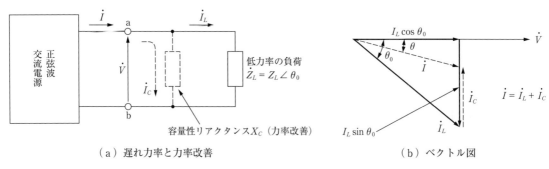

(a) 遅れ力率と力率改善 　　　　　　　　(b) ベクトル図

図5−23　負荷力率の改善（遅れ力率の場合）

図5−23（a）のように,インピーダンス $\dot{Z}_L$,力率が $\cos\theta_0$（遅れ）の負荷が電源に接続され,電源から電流 $\dot{I}_L$ が供給されているとする。負荷と並列に,負荷のリアクタンス成分と性質が逆となる容量性リアクタンス X_C [Ω] を接続すると,図5−23より,電源から流れる電流 $\dot{I}$ が,

$$\dot{I} = \dot{I}_L + \dot{I}_C = I_L\angle -\theta_0 + I_C\angle 90° \quad\quad\quad (5-45)$$

となる。

ここで,$I_L = V/Z_L$,$I_C = V/X_C$

となり,もとの無効分電流 $I_L\sin\theta_0$ が $\dot{I}_C$ の分だけ打ち消された結果,次式の大きさに減少する。

$$I = \sqrt{(I_L\cos\theta_0)^2 + (I_L\sin\theta_0 - I_C)^2}$$

$$= V\sqrt{\left(\frac{1}{Z_L}\cos\theta_0\right)^2 + \left(\frac{1}{Z_L}\sin\theta_0 - \frac{1}{X_C}\right)^2} \quad\quad (5-46)$$

このとき,電源端子a,bから見た負荷側の合成力率は,次式の値に向上（又は改善）される。

$$\cos\theta = \frac{I_L\cos\theta_0}{I} = \frac{\cos\theta_0}{\sqrt{\cos^2\theta_0 + (\sin\theta_0 - Z_L/X_C)^2}} \quad\quad (5-47)$$

---

(3) 一般に,力率は0.8（80%）以上を高力率としている。

以上のように，低力率の負荷に，負荷のリアクタンスと反対の性質をもつリアクタンスを並列接続して，電源から見た合成力率を向上させることを**力率の改善**という。このために使われるリアクタンスは，**力率改善用コンデンサ**，**インダクタ**などと状況に合わせて呼ばれる。

改善力率の最高値は1であるが，これは「第5章第3節3．3」で学んだ並列共振状態にほかならない。しかし，実際的には力率改善の目標値を1にすることは，総合的に不経済となることが多い。一般に，力率を $\cos\theta_0$ から $\cos\theta$ に改善するときに必要な力率改善用リアクタンス X_C の計算式は，次のとおりである。

$$X_C = \frac{Z_L}{\cos\theta_0(\tan\theta_0 - \tan\theta)} \quad\cdots\cdots\cdots\cdots\cdots\cdots\cdots\cdots\cdots\cdots\cdots\cdots\cdots\cdots\cdots\cdots（5-48）$$

実際の交流電源（発電機や変圧器など）の性能は，銘板に示されている。それを見ると，定格出力の単位は［V・A］（皮相電力の表示に同じ）となっており，［W］ではない。その理由として，出力は負荷の力率によって変わるので，低力率の場合，過大な電流を流せるとの誤解を与えやすいためである。

第5節　記号法を用いた回路の計算

5.1 複素数とベクトル

図5−24のような直角座標において，ベクトル$\dot{A}$のX軸及びY軸上へ投影されたベクトル成分をそれぞれ$\dot{a}$, $\dot{b}$とすると，

$$\left.\begin{array}{l} \dot{A} = \dot{a} + \dot{b} \\ A = \sqrt{a^2 + b^2} \\ \theta = \tan^{-1}\dfrac{b}{a} \end{array}\right\} \quad \cdots\cdots\cdots\cdots\cdots\cdots\cdots\cdots\cdots\cdots\cdots\cdots\cdots (5-49)$$

の関係にあり，$\dot{A} = A\angle\theta$というベクトルの表現法が考えられる（「第4章第2節2.1」参照）。しかし，ベクトルのいろいろな計算には少々不便さが残ることがある。このベクトル$\dot{A}$を表す別法として，Y軸成分の大きさbには$j(=\sqrt{-1})$という**虚数単位**[4]の記号を付けて，

$$\dot{A} = a + jb \cdots\cdots\cdots\cdots\cdots\cdots\cdots\cdots\cdots\cdots\cdots\cdots\cdots\cdots (5-50)^{[5]}$$

という複素数で表す方法がある。この場合には，X軸を**実数軸**，Y軸を**虚数軸**と呼び[6]，「ベクトル$\dot{A}$は実数成分aと虚数成分bからなる複素数で表される」ということができる。

図5−25は，$\dot{A}_1$, $\dot{A}_2$, $\dot{A}_3$, $\dot{A}_4$のベクトルが，それぞれ第1象限，第2象限，第3象限，第4象限にあるときを複素数で表したものである。まず，ベクトルの四則演算法をまとめておく。

---

(4) 虚数単位は，数学で次のように定められている。
$j = \sqrt{-1}$　　$j^2 = j \cdot j = -1$　　$j^3 = j^2 \cdot j = -j$　　$j^4 = j^2 \cdot j^2 = -1 \times -1 = 1$
$j^5 = j^4 \cdot j = j$
数学では一般に，虚数単位をiで表すが，電気工学では，電流をiで表すことが多い。本書では，混乱を避けるため，虚数単位としてjを用いる。
(5) 複素数そのものの表記法にも数種ある。式（5−50）は最も標準的な直交座標形式，「第4章第2節2.1」の$\dot{A} = A\angle\theta$は極座標形式という。
(6) 複素数を表現するために使用するX−Y座標軸については，
　① Y軸が虚数成分を示すことを特記するためにYの代わりにJを，X軸については軸名を入れない場合がある。
　② Xの代わりに実数の英語である"Real"の頭文字をイタリック体で"R_e"を，Y軸は虚数"Imaginary"のイタリック体の頭文字"I_m"を銘記する，いわば"Re−Im"座標軸で示す場合がある（図5−26を参照）。
　　また，上記のように複素数（ベクトル）を図示するために用意される直交座標系からなる平面を，"ガウスの複素平面"という。

第5節 記号法を用いた回路の計算

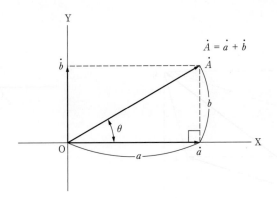

図5-24 ベクトルの複素数表示への橋渡し

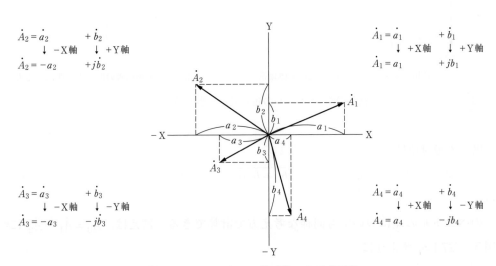

図5-25 ベクトルの複素数による表示法

（1）ベクトルの加減

図5-26において，ベクトル $\dot{A}_1$，$\dot{A}_2$ の和を，複素数で計算してみる。

$$\dot{A}_1 = a_1 + jb_1$$
$$\dot{A}_2 = a_2 + jb_2$$

とすれば，

$$\begin{aligned}
\dot{A}_0 &= \dot{A}_1 + \dot{A}_2 \\
&= (a_1 + jb_1) + (a_2 + jb_2) \\
&= (a_1 + a_2) + j(b_1 + b_2) \\
&= a_0 + jb_0
\end{aligned} \quad \cdots\cdots (5-51)$$

ここで，$a_0 = a_1 + a_2$，$b_0 = b_1 + b_2$ と置いてある。すなわち，ベクトルの和は，それぞれのベクトルの実部の和と虚部の和をもつ一つのベクトルで表現される。

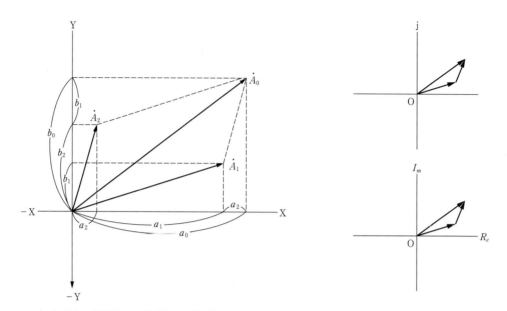

(a) 本書で使用するX(実数) − Y(虚数) 座標軸系　　　(b) X − Y 座標軸の取り方を明記する方法

図 5 − 26　ベクトルの和の表示と座標軸

この場合の絶対値は，
$$|\dot{A}_0| = A_0 = \sqrt{(a_1+a_2)^2 + (b_1+b_2)^2} \quad \cdots\cdots\cdots\cdots\cdots\cdots (5-52)$$
である。

二つのベクトルの差についても同様な考え方で計算できる。例えば，$\dot{A}_0 = \dot{A}_1 - \dot{A}_2$ については図 5 − 27 に示すように，
$$\dot{A}_0 = (a_1 - a_2) + j(b_1 - b_2)$$
$$A_0 = \sqrt{(a_1-a_2)^2 + (b_1-b_2)^2}$$
となる。

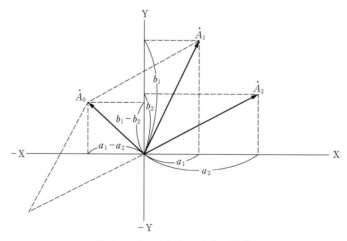

図 5 − 27　ベクトルの差の計算

〔例題14〕 $\dot{A}_1 = 2 + j4$, $\dot{A}_2 = 4 + j4$ の二つのベクトルの和を複素数で表し，その絶対値を求めよ。

（解）
$$\dot{A}_0 = \dot{A}_1 + \dot{A}_2$$
$$\dot{A}_0 = (2 + 4) + j(4 + 4)$$
$$= 6 + j8$$
$$\therefore A_0 = \sqrt{6^2 + 8^2} = 10$$

（2）ベクトルの乗除

図5-28のように，ベクトル $\dot{A}_1$, $\dot{A}_2$ の積について考えてみよう。
このとき，
$$\dot{A}_1 = a_1 + jb_1$$
$$\dot{A}_2 = a_2 + jb_2$$
とすれば，
$$\dot{A}_0 = \dot{A}_1 \times \dot{A}_2$$
$$= (a_1 + jb_1)(a_2 + jb_2)$$
$$= a_1 a_2 + ja_1 b_2 + ja_2 b_1 + j^2 b_1 b_2$$
ここで，$j^2 = -1$ なることを使うと，

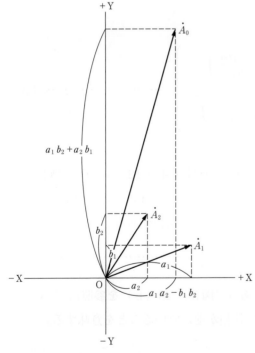
（a）一般的なベクトルの積

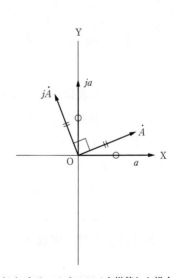
（b）あるベクトルに j を掛算した場合の作用

図5-28　ベクトルの積

$$\begin{aligned}\dot{A}_0 &= a_1 a_2 + j a_1 b_2 + j a_2 b_1 - b_1 b_2 \\ &= (a_1 a_2 - b_1 b_2) + j(a_1 b_2 + a_2 b_1)\end{aligned} \Biggr\} \quad \cdots\cdots\cdots\cdots\cdots\cdots\cdots\cdots\cdots (5-53)$$

となる。よって，

$$\dot{A}_0 = (a_1 a_2 - b_1 b_2) + j(a_1 b_2 + a_2 b_1)$$
$$A_0 = \sqrt{(a_1 a_2 - b_1 b_2)^2 + (a_1 b_2 + a_2 b_1)^2}$$

となる。

このように，ベクトル $\dot{A}_0$ は原点 O を通り，実数成分が $(a_1 a_2 - b_1 b_2)$，虚数成分が $(a_1 b_2 + a_2 b_1)$ となる直線で表される。

次に割り算 $\dot{A}_0 = \dot{A}_1 \div \dot{A}_2$ について調べてみよう。

$$\dot{A}_0 = \frac{\dot{A}_1}{\dot{A}_2} = \frac{a_1 + j b_1}{a_2 + j b_2} \quad \cdots\cdots\cdots\cdots\cdots\cdots\cdots\cdots\cdots\cdots\cdots\cdots\cdots\cdots\cdots (5-54)$$

上式を実部と虚部に分けて表すために，分母と分子にそれぞれ $(a_2 - j b_2)$ を乗ずると [7]，

$$\begin{aligned}\dot{A}_0 &= \frac{a_1 + j b_1}{a_2 + j b_2} = \frac{(a_1 + j b_1)(a_2 - j b_2)}{(a_2 + j b_2)(a_2 - j b_2)} \\ &= \frac{a_1 a_2 - j a_1 b_2 + j a_2 b_1 - j^2 b_1 b_2}{a_2{}^2 - j^2 b_2{}^2} \\ &= \frac{a_1 a_2 + b_1 b_2 + j(a_2 b_1 - a_1 b_2)}{a_2{}^2 + b_2{}^2}\end{aligned}$$

上式を実部，虚部に分けて示すと，

$$\begin{aligned}\dot{A}_0 &= \left(\frac{a_1 a_2 + b_1 b_2}{a_2{}^2 + b_2{}^2}\right)^2 + j\left(\frac{a_2 b_1 - a_1 b_2}{a_2{}^2 + b_2{}^2}\right) \\ A_0 &= \sqrt{\left(\frac{a_1 a_2 + b_1 b_2}{a_2{}^2 + b_2{}^2}\right)^2 + \left(\frac{a_2 b_1 - a_1 b_2}{a_2{}^2 + b_2{}^2}\right)^2}\end{aligned} \Biggr\} \quad \cdots\cdots\cdots\cdots (5-55)$$

となる。

以上は，ベクトルを複素数で表す方法であるが，これは図 4-12 （p150）で既に学んだ方法（**極座標**という）で表すこともある。例えば，ベクトル $\dot{A}$ を $\dot{A} = A \angle \theta$ のように表した場合は，複素数で表した $\dot{A}_1 = a_1 + j b_1$ との間に，次のような関係がある。

$$\begin{aligned}\dot{A} &= a_1 + j b_1 = A \angle \theta = A(\cos\theta + j\sin\theta) \\ \therefore a_1 &= A\cos\theta, \quad b_1 = A\sin\theta\end{aligned} \Biggr\} \quad \cdots\cdots\cdots\cdots\cdots\cdots\cdots (5-56)$$

また，次のことに注意しておくことが大切である（図 5-28（b）を参照）。

① 虚数（例えば ja）は，実数（a）より 90° 位相が進んでいることを意味する。

---

[7] $(a_2 + j b_2)(a_2 - j b_2) = a_2{}^2 + b_2{}^2$
　　$a_2 + j b_2$ に対して $a_2 - j b_2$ は，**共役**（きょうやく）な複素数である。

② ベクトル（例えば $\dot{A}$）に j を乗ずると $j\dot{A}$ となるが，これは，もとのベクトル $\dot{A}$ を 90° だけ位相を進めることを意味する。

〔例題15〕 $\dot{A}_1 = 1 + j2$，$\dot{A}_2 = 2 + j4$ で表されているとき，$\dot{A}_1 \times \dot{A}_2$，$\dot{A}_2 \div \dot{A}_1$ の計算を行い，また，その大きさを求めよ。

（解）ベクトル $\dot{A}_1$，$\dot{A}_2$ の積を $\dot{A}_0$，割算値を $\dot{B}_0$ とおけば，

$$\dot{A}_0 = \dot{A}_1 \times \dot{A}_2 = (1 + j2)(2 + j4) = -6 + j8$$

$$\therefore \dot{A}_0 = \sqrt{6^2 + 8^2} = 10$$

また，

$$\dot{B}_0 = \dot{A}_2 \div \dot{A}_1 = \frac{\dot{A}_2}{\dot{A}_1} = \frac{2 + j4}{1 + j2}$$

$$= \frac{(2 + j4)(1 - j2)}{(1 + j2)(1 - j2)} = \frac{10}{5} = 2$$

$$\therefore B_0 = 2$$

5.2 インピーダンスとアドミタンス

（1）インピーダンス

図 5 - 29（a）のような R，L，C 直列回路に交流電圧 $\dot{V}$ [V] を加えたときの回路の働きの問題を，前節までの知識によって解く場合には，性質を暗記しておくことが必要であった。つまり，回路電流 $\dot{I}$ [A] とすれば，各々の端子電圧 $\dot{V}_R$，$\dot{V}_L$，$\dot{V}_C$ の絶対値は，

$$V_R = RI$$
$$V_L = X_L I = \omega L I$$

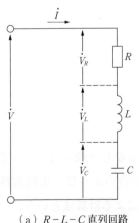
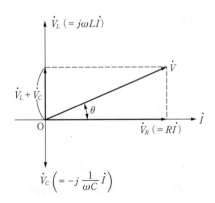

（a）R-L-C 直列回路　　（b）$\omega L > \dfrac{1}{\omega C}$ の場合のベクトル図

図5-29　これまでの交流回路の解き方

$$V_C = X_C I = \frac{I}{\omega C}$$

であることは暗記しなければならないとしても，図5－29（b）のベクトル図の関係も同様であった。しかし，記号法を学んだいまは，各ベクトルを複素数で表すことができて，

$$\left.\begin{aligned}\dot{V}_R &= R\dot{I} \\ \dot{V}_L &= jX_L I = j\omega L \dot{I} \\ \dot{V}_C &= -jX_C I = -j\frac{1}{\omega C}\dot{I}\end{aligned}\right\} \cdots\cdots\cdots\cdots\cdots\cdots (5-57)$$

となる。以上の基本的な関係をしっかり覚えておけば，「**キルヒホッフの第2法則**」から，

$$\dot{V} = \dot{V}_R + \dot{V}_L + \dot{V}_C = R\dot{I} + j\omega L\dot{I} - j\frac{1}{\omega C}\dot{I}$$

$$\dot{V} = \left\{R + j\left(\omega L - \frac{1}{\omega C}\right)\right\}\dot{I} = \dot{Z}\dot{I} \quad \cdots\cdots\cdots\cdots\cdots (5-58)$$

$$\left.\begin{aligned}\dot{I} &= \frac{\dot{V}}{\dot{Z}} \\ \dot{V} &= \dot{Z}\dot{I} \\ \dot{Z} &= \frac{\dot{V}}{\dot{I}}\end{aligned}\right\} \cdots\cdots\cdots\cdots\cdots\cdots\cdots\cdots\cdots (5-59)$$

と表せる。

このときの $\dot{Z}$ [Ω] を，**複素インピーダンス**と呼び，次の式で表す。

$$\left.\begin{aligned}\dot{Z} &= R + j\left(\omega L - \frac{1}{\omega C}\right) = R + jX \\ \therefore Z &= \sqrt{R^2 + X^2}\end{aligned}\right\} \cdots\cdots\cdots\cdots (5-60)$$

ただし，X は合成リアクタンスで，$X = \omega L - \frac{1}{\omega C}$ と置いている。

また，電圧 V と回路電流 I との位相角 θ は，

$$\tan\theta = \frac{X}{R}$$

$$\therefore \theta = \tan^{-1}\frac{X}{R} \quad \cdots\cdots\cdots\cdots\cdots\cdots\cdots\cdots\cdots\cdots (5-61)$$

となる。

　以上のように，交流回路の電圧，電流，インピーダンスなどを複素数を使って表されたベクトル $\dot{V}$, $\dot{I}$, $\dot{Z}$ などの記号で表すと，直流回路の計算の場合のように，比較的容易に交流の問題が解けるようになる。この方法を**（ベクトル）記号法による計算法**という。

(2) アドミタンス

インピーダンスの逆数をアドミタンスといい，量記号は Y，記号法では，次のように表す。

$$\dot{Y} = \frac{1}{\dot{Z}} \quad \cdots\cdots\cdots\cdots\cdots\cdots\cdots\cdots\cdots\cdots\cdots\cdots\cdots\cdots\cdots\cdots\cdots\cdots\cdots\cdots\cdots (5-62)$$

上式の $\dot{Z}$ を式（5－60）で置き換えてアドミタンス $\dot{Y}$ を計算すると，

$$\dot{Y} = \frac{1}{R+jX} = \frac{R-jX}{(R+jX)(R-jX)}$$

$$= \frac{R}{R^2+X^2} - j\frac{X}{R^2+X^2}$$

となり，

$$g = \frac{R}{R^2+X^2}, \quad b = \frac{X}{R^2+X^2}$$

と置けば，

$$\dot{Y} = g - jb, \quad Y = \sqrt{g^2+b^2} \quad \cdots\cdots\cdots\cdots\cdots\cdots\cdots\cdots\cdots\cdots (5-63)$$

で表される。このとき，g をこの回路の**コンダクタンス**，b を**サセプタンス**という。Y，g，b の単位は，いずれもジーメンス（siemens，単位記号［S］）を用いる。この方法を用いて図5－30（a）における回路電流 $\dot{I}$ を求めると，

$$\dot{I} = \frac{\dot{V}}{\dot{Z}} = \dot{V}\frac{1}{\dot{Z}} = \dot{V}\dot{Y} = \dot{V}(g-jb)$$

$$= g\dot{V} - jb\dot{V} = \dot{I}_1 + \dot{I}_2 \quad \cdots\cdots\cdots\cdots\cdots\cdots\cdots\cdots\cdots (5-64)$$

となり，$\dot{I}_1 = g\dot{V}$ は，電源電圧 $\dot{V}$ と同相の電流分を表し，$\dot{I}_2 = -jb\dot{V}$ は，電源電圧 $\dot{V}$ より $\pi/2$ だけ位相の遅れた電流分を表していることになる。また，位相角 θ は，

$$\left.\begin{array}{l} \tan\theta = \dfrac{b}{g} = \dfrac{X}{R} \\ \therefore \theta = \tan^{-1}\dfrac{X}{R} \end{array}\right\} \quad \cdots\cdots\cdots\cdots\cdots\cdots\cdots\cdots\cdots (5-65)$$

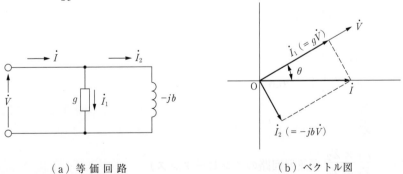

(a) 等価回路　　　　　　　(b) ベクトル図

図5－30　図5－15（a）を等価なアドミタンスによって解く場合

第5章　交流回路

となり，式（5-61）と同じであることが分かる。

　以上のように，一つの回路に電源を接続したときに流れる電流を求める場合，インピーダンスとアドミタンスのいずれを用いて計算するかによって，途中の過程が異なる。しかし，最終的な結果は，ただ一つである。

〔例題16〕図5-31（a）に示す回路において，I，I_1，I_2を求めよ。

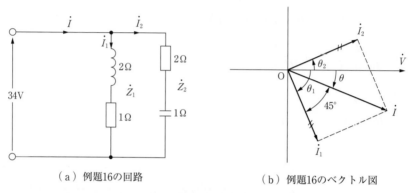

（a）例題16の回路　　　（b）例題16のベクトル図

図5-31　例題16の回路とベクトル図

（解）　　$\dot{I}_1 = \dfrac{\dot{V}}{\dot{Z}_1}$

$\dot{Z}_1 = 1 + j2$

$Z_1 = \sqrt{1^2 + 2^2} = \sqrt{5} \fallingdotseq 2.24\,\Omega$

∴ $I_1 = \dfrac{34}{2.24} \fallingdotseq 15.2\,\text{A}$

$\theta_1 = \tan^{-1}(-2) = -63.4°$

$\dot{I}_2 = \dfrac{\dot{V}}{\dot{Z}_2}$

$\dot{Z}_2 = 2 - j$

$Z_2 = \sqrt{2^2 + 1^2} = \sqrt{5} \fallingdotseq 2.24\,\Omega$

∴ $I_2 = \dfrac{34}{2.24} \fallingdotseq 15.2\,\text{A}$

$\theta_2 = \tan^{-1}\left(\dfrac{1}{2}\right) = 26.6°$

$\dot{I} = \dfrac{\dot{V}}{\dot{Z}}$

$\dot{Z}_0 = \dfrac{\dot{Z}_1 \times \dot{Z}_2}{\dot{Z}_1 + \dot{Z}_2}$　（並列回路のインピーダンス）

$$\therefore \dot{Z}_0 = \frac{(1+j2)(2-j)}{(1+j2)+(2-j)} = \frac{4+j3}{3+j} = \frac{(4+j3)(3-j)}{(3+j)(3-j)}$$

$$= \frac{15+j5}{10} = 1.5 + j0.5$$

$$\therefore Z_0 = \sqrt{1.5^2 + 0.5^2} = \sqrt{2.5} \fallingdotseq 1.58\,\Omega$$

$$I = \frac{34}{1.58} \fallingdotseq 21.5\,\mathrm{A}$$

$$\theta = \tan^{-1}\left(-\frac{1}{3}\right) = -18.4°$$

以上より,ベクトル図を描くと図 5 – 31 (b) のようになる。

5.3 複素電力

ある電気回路に,交流電圧 $\dot{V}$ [V] を加えたとき,電流 $\dot{I}$ [A] が流れ,電圧 $\dot{V}$ と電流 $\dot{I}$ の間には,図 5 – 32 に示すような関係があるものとする。

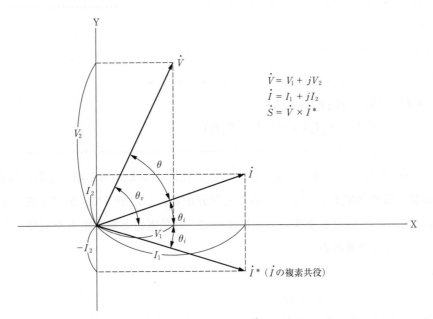

図 5 – 32 複素電力 $\dot{S}$ の計算

θ_v と θ_i は,それぞれ $\dot{V}$, $\dot{I}$ の位相角で,$\dot{V}$, $\dot{I}$ との位相差を θ とすれば,次のようになる。

$$\cos\theta = \cos(\theta_v - \theta_i)$$
$$= \cos\theta_v \cos\theta_i + \sin\theta_v \sin\theta_i$$

ところで,図より,

$$\cos\theta_v = \frac{V_1}{V}, \quad \sin\theta_v = \frac{V_2}{V}$$

$$\cos\theta_i = \frac{I_1}{I}, \quad \sin\theta_i = \frac{I_2}{I}$$

の関係があるから,

$$\therefore \cos\theta = \frac{V_1 I_1 + V_2 I_2}{VI}$$

となり,同様に,次のようになる。

$$\sin\theta = \frac{V_2 I_1 - V_1 I_2}{VI}$$

したがって,これまで学んだ方法(「第5章第4節」)で有効,無効電力を求めると,有効電力 P [W] は式(5−41)により,

$$P = VI\cos\theta = V_1 I_1 + V_2 I_2 \quad \cdots\cdots (5-66)$$

となり,無効電力 Q [var] は式(5−42)により,

$$Q = VI\sin\theta = V_2 I_1 - V_1 I_2 \quad \cdots\cdots (5-67)$$

と表される。

一方,電流 $\dot{I}$ の共役な複素数を,$\dot{I}^*$(大きさは I に等しく,位相角が $-\theta_i$)として,$\dot{V}\dot{I}^*$ を計算してみると,図5−32を参照して,次のようになる。

$$\begin{aligned}\dot{V}\dot{I}^* &= (V_1 + jV_2)(I_1 - jI_2) \\ &= (V_1 I_1 + V_2 I_2) + j(V_2 I_1 - V_1 I_2) \\ &= P + jQ \quad \cdots\cdots (5-68)\end{aligned}$$

式(5−68)を式(5−66),式(5−67)と見比べると,第1項(実数)は有効電力,第2項(虚数)は無効電力を表していることが分かる。したがって,回路の電圧 $\dot{V}$ と電流 $\dot{I}$ が分かれば,$\dot{S} = \dot{V}\dot{I}^*$ の計算をすることによって,有効電力と無効電力を同時に求めることができる。この $\dot{S}$ を**複素電力**という。

(注) $\dot{V}$ と $\dot{I}$ をそのまま掛算すると,

$$\dot{V}\dot{I} = (V_1 + jV_2)(I_1 + jI_2) = (V_1 I_1 - V_2 I_2) + j(V_2 I_1 + V_1 I_2)$$

となり,有効電力,無効電力のどちらにも無関係である。有効電力,無効電力を求めるには $\dot{I}$ の複素共役 $\dot{I}^*$ と,$\dot{V}$ の積を求める必要があるのはこのためである。

〔例題17〕 ある回路中の一つの枝路の電圧 $\dot{V}$,電流 $\dot{I}$ が次式の複素数で表されているとき,電力ベクトルとインピーダンス・ベクトルを計算して分かることを述べよ。

$$\dot{V} = 30 + j40 \text{ V}, \quad \dot{I} = 1 - j0.5 \text{ A}$$

(**解**) 与式より,$\dot{V}$,$\dot{I}$ の大きさを求めると,

$$V = \sqrt{30^2 + 40^2} = 50 \text{ V}, \quad I = \sqrt{1^2 + 0.5^2} = \sqrt{1.25} \text{ A}$$

電力ベクトルを計算すると,

$$\begin{aligned}\dot{S} = \dot{V}\dot{I}^* &= (30 + j40)(1 + j0.5) \\ &= 30 - 20 + j(40 + 15) \\ &= 10 + j55 \text{ V}\cdot\text{A}\end{aligned}$$

一方, インピーダンス $\dot{Z}$ は,

$$\begin{aligned}\dot{Z} = \frac{\dot{V}}{\dot{I}} &= \frac{30 + j40}{1 - j0.5} = \frac{10}{0.5} \times \frac{3 + j4}{2 - j} = 4\frac{(3 + j4)(2 + j)}{1} \\ &= 4\{(6 - 4) + j(8 + 3)\} = 4(2 + j11) = 8 + j44 \text{ Ω}\end{aligned}$$

以上より, この枝路は抵抗 8 Ω, 誘導性リアクタンス 44 Ω の直列回路と見ることができ, 電力消費は $RI^2 = 8 \times (\sqrt{1.25})^2 = 10\text{ W}$ である。

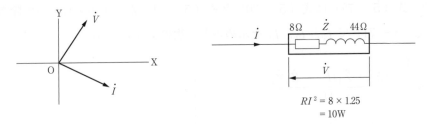

図 5-33　例題17に関するベクトル図

5.4　キルヒホッフの法則

　直流回路 (又は回路網) の問題を解くには, その回路の方程式を「キルヒホッフの法則」を適用して正しく書き上げることが最も大切であり, その方法について,「第1章第2節2.5」で詳しく述べた。「キルヒホッフの法則」は直流, 交流の別なく, 一般的に成り立つ法則である。しかも, 交流回路を扱うのに, ベクトル記号法が便利であることを知り, 直流回路での抵抗はインピーダンス・ベクトルで, 電圧, 電流はそれぞれのベクトルで置き換えれば, 自動的に交流回路における「キルヒホッフの法則」を満足した回路方程式が得られるという便利さがある。この一例を次に示す。

　図 5-34 のような回路網について,「キルヒホッフの法則」を適用してみる。回路の各枝路の電流を $\dot{I}_1, \dot{I}_2, \dot{I}_3$ で表し, 節点 d において, 第1法則 (回路網中の任意の節点に流入する電流の代数和は 0) を適用すると,

$$\dot{I}_1 + \dot{I}_2 - \dot{I}_3 = 0 \quad \cdots\cdots (5-69)$$

となり, 閉回路 (a b c d e f a) について, 第2法則を適用すると,

$$\dot{Z}_1\dot{I}_1 - \dot{Z}_2\dot{I}_2 = \dot{E}_1 - \dot{E}_2 \quad \cdots\cdots (5-70)$$

となる。同じように他の二つの閉回路について,

第5章 交流回路

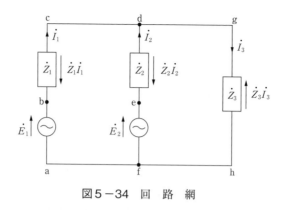

図5-34 回路網

$$\dot{Z}_1\dot{I}_1 + \dot{Z}_3\dot{I}_3 = \dot{E}_1 \quad\cdots\cdots\cdots\cdots\cdots\cdots\cdots\cdots\cdots\cdots\cdots\cdots\cdots\cdots\cdots\cdots (5-71)$$
$$\dot{Z}_2\dot{I}_2 + \dot{Z}_3\dot{I}_3 = \dot{E}_2 \quad\cdots\cdots\cdots\cdots\cdots\cdots\cdots\cdots\cdots\cdots\cdots\cdots\cdots\cdots\cdots\cdots (5-72)$$

が成り立つ。式（5-72）は式（5-70）と式（5-71）から求められるので除き，式（5-69）～式（5-71）で$\dot{I}_1$, $\dot{I}_2$, $\dot{I}_3$を求めると，次のようになる。

$$\left.\begin{aligned}\dot{I}_1 &= \frac{(\dot{Z}_2+\dot{Z}_3)\dot{E}_1 - \dot{Z}_3\dot{Z}_2}{\dot{D}} \\ \dot{I}_2 &= \frac{-\dot{Z}_3\dot{Z}_1 + (\dot{Z}_1+\dot{Z}_3)\dot{E}_2}{\dot{D}} \\ \dot{I}_3 &= \frac{\dot{Z}_2\dot{Z}_1 + \dot{Z}_1\dot{E}_2}{\dot{D}} \\ \text{ここで,}\ \dot{D} &= \dot{Z}_1\dot{Z}_2 + \dot{Z}_2\dot{Z}_3 + \dot{Z}_3\dot{Z}_1\end{aligned}\right\} \cdots\cdots\cdots\cdots (5-73)$$

このように，複雑な交流回路網における電流を，ベクトルの代数計算から求めることができる。

5.5 ブリッジ回路

直流回路におけるホイートストン・ブリッジと類似の形をもつが，抵抗の代わりに図5-35のように，インピーダンス$\dot{Z}_1$, $\dot{Z}_2$, $\dot{Z}_3$, $\dot{Z}_4$が接続されて，正弦波交流で動作する回路を**交流ブリッジ**と呼ぶ。そしてcd間の電位差が0になったとき，ブリッジは**平衡状態**になったという。

平衡状態においては，点c, dが等電位にあることから，
$$\dot{Z}_1\dot{I}_1 = \dot{Z}_2\dot{I}_2, \quad \dot{Z}_3\dot{I}_3 = \dot{Z}_4\dot{I}_4$$
が成り立ち，両式から電流を消去すると，次のようなイ

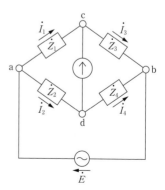

図5-35 交流ブリッジの基本回路

ンピーダンスの関係式が得られる。

$$\frac{\dot{Z}_1}{\dot{Z}_3} = \frac{\dot{Z}_2}{\dot{Z}_4}, \quad 又は \quad \dot{Z}_1\dot{Z}_4 = \dot{Z}_2\dot{Z}_3 \quad \cdots\cdots\cdots\cdots\cdots\cdots\cdots\cdots (5-74)$$

　式（5-74）は**交流ブリッジの平衡条件式**という。これを用いて回路中の四つのインピーダンスのうち三つの値が分かれば，残った他の一つのインピーダンスを求めることができる。交流ブリッジ回路は具体的には種々あり，それを提唱した研究者の名前がつけられて，例えば「マクスウェル・ブリッジ」「ウィーン・ブリッジ」などと呼ばれ，測定器などに広く応用されている。

〔**例題18**〕　図5-36のブリッジで，$\dot{Z}_4$ が未知であり，$\dot{Z}_2$ と $\dot{Z}_3$ が分かっているとする。$\dot{Z}_1$ は純粋な抵抗であって，可変であるが，10Ω としたところ，ブリッジは平衡がとれたとする。$\dot{Z}_4$ の中味を明らかにせよ。

　なお，各インピーダンスの値は1 kHzに対するもので，単位は［Ω］とする。

（**解**）　平衡条件式を記すと，次式となる。

$$\dot{Z}_1\dot{Z}_4 = \dot{Z}_2\dot{Z}_3$$
$$\therefore \dot{Z}_4 = \frac{\dot{Z}_2\dot{Z}_3}{\dot{Z}_1} = \frac{(1-j2)(10+j5)}{10}$$
$$= \frac{(10+10)+j(5-20)}{10}$$
$$= 2 - j1.5 \, \Omega$$

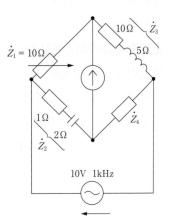

図5-36　例題18のブリッジ回路

つまり，$\dot{Z}_4$ は抵抗とコンデンサの直列回路と考えられる。

5.6　回路計算に役立つ原理や定理

　私たちがこれまで取り扱ってきた回路は，内部構成が知られており，簡単な形のもので，回路特性の計算に当たっては，「オームの法則」と「キルヒホッフの法則」を応用するだけで十分であった。しかし，実際には，構成が複雑すぎたり，内部が不明な回路（ブラック・ボックス回路と呼ぶ）の問題を解くことが必要な場合も生じる。この場合に役立つ原理や定理は数多いが，その中でも，よく使われる重要なものの骨子について説明する。

（1）定電圧電源と定電流電源

　電源には，直流，交流の別にかかわらず，出力の電圧，電流の実効値に関する特性が全く異なる2形式がある。

a．定電圧電源

定電圧電源は，電源から取り出す電流と無関係に，出力電圧が一定不変である電源をいう。この特性は電圧降下がないことを意味しており，内部抵抗（又はインピーダンス）は0Ωとなる。

回路図に示される起電力は，定電圧電源であるといえる。

b．定電流電源

定電流電源は，負荷の抵抗（又はインピーダンス）がどのように変化しても，常に一定値の電流を流すように動作する電源をいう。負荷インピーダンスが無限大という極端な場合でも，一定電流を流す能力がある。この性質は電源の内部インピーダンスが元来，無限大でなければ成立しない。

定電流電源の出力電圧は，負荷インピーダンスに比例して変化する。

以上の2種類の電源の出力電圧と電流特性を図5－37に示す。なお，これら電源の回路インピーダンスに与える影響のみを考える場合は，それぞれの電源の動作を停止させた状態（$E_0 \to 0$，又は $I_0 \to 0$ と考えることに対応する）でも残る内部インピーダンスの性質を考慮して，定電圧電源は"短絡枝"として，定電流電源は"開放"として扱えばよい。

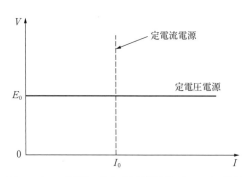

図5－37 電源の出力電圧対電流（V－I）特性

（2）重ね合わせの理

回路が R，L，C の定数をもつ要素の接続で構成され（各要素について「オームの法則」が成立するので，通常，**線形回路**という），かつ電源が2個以上（周波数が同一でも，異なってもよい）含まれている回路の各枝路の電流を求めるときは，次の考え方が役立つ。

① 各電源は互いに干渉せず，独立に動作すると考える。
② 電源が1個の場合の回路計算は，これまでの知識に従って行う。
③ 全部の電源がいっせいに動作しているときの各枝路の電流は，各電源が1個ずつ動作しているとき（他電源は動作停止の扱いをする）の電流を合成して求められる。この考え方は"（電流に関する）重ね合わせの理"という。

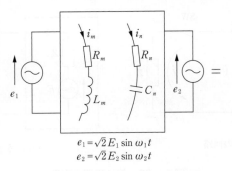

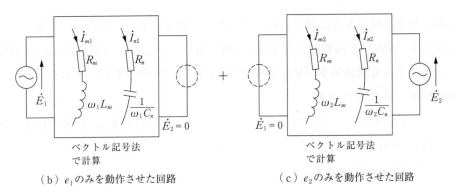

(b) e_1 のみを動作させた回路　　(c) e_2 のみを動作させた回路

図 5 − 38　重ね合わせの理

図 5 − 38 に，この原理の内容を略示する．同図には周波数が異なる正弦波電源が 2 個入っている場合として例示しているが，同一周波数であっても同様に成立する．

なお，図 5 − 38（a）中の第 m 番目，第 n 番目の枝路を流れる電流 i_m，i_n は，図 5 − 38（b），（c）においてベクトル記号法によって計算される電流 $\dot{I}_{m1}$，$\dot{I}_{m2}$ などを瞬時値に直して，それらの合成として次のように求める．

$$i_m = (\dot{I}_{m1} を瞬時値に変換) + (\dot{I}_{m2} を瞬時値に変換)$$
$$= \sqrt{2} I_{m1} \sin(\omega_1 t + \varphi_1) + \sqrt{2} I_{m2} \sin(\omega_2 t + \varphi_2) \quad\cdots\cdots\cdots\cdots\cdots\cdots (5-75)$$

ここで，$\dot{I}_{m1} = I_{m1} \angle \varphi_1$，$\dot{I}_{m2} = I_{m2} \angle \varphi_2$ と求められた場合を想定している．

i_n についても i_m と同様に求められる．

（3）等価電源の定理

図 5 − 39（a）に示すように，内部に電源を含んでいるが内部構成が不明の回路（**ブラック・ボックス回路**という）を考えよう．

この回路中から引き出された 2 端子 a，b 間にインピーダンス $\dot{Z}$ を接続したときに流れる電流を予測する必要が生じたら，どう対処したらよいだろうか．回路はブラック・ボックスであるから，回路方程式を立てて解くことはできない．

しかし，$\dot{Z}$ を接続して電流 $\dot{I}$ が流れると考える限り，端子 a，b から眺められる回路網は，

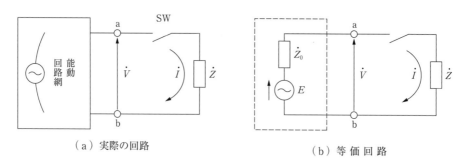

(a) 実際の回路　　　　　　　　　(b) 等 価 回 路

図5-39　等価電源の定理

一種の電源で等価表現できるに違いない。このために測定によって次のデータを求める。

① スイッチ（SW）が開放時に端子a, b間に現れている電圧（開放電圧）を明らかにする。これによって実効値 E [V]，角周波数 $\omega\,(=2\pi f)$ となれば，これが図5-39（b）の内部起電力 E に相当する。

② 次にインピーダンス $\dot{Z}$ として，スイッチを閉じたときの電流 $\dot{I}_R$ が分かれば，次式から $\dot{Z}_0$ が求められる。

$$\dot{V} = R\dot{I}_R = E - \dot{Z}_0 \dot{I}_R$$

$$\therefore \dot{Z}_0 = \frac{E}{\dot{I}_R} - R \quad\cdots\cdots\cdots\cdots\cdots\cdots\cdots\cdots\cdots\cdots\cdots\cdots\cdots\cdots\cdots\cdots\cdots\cdots\cdots\cdots (5-76)$$

以上のようにして，「能動的な2端子回路網は，内部起電力 E と内部インピーダンス $\dot{Z}_0$ が直列に接続された電圧源として等価表現できる」ことが分かる。この形式の等価電源は，**テブナン形等価電源**（又は**等価電圧源**）という。

したがって，図5-39の2端子a, b間にインピーダンス $\dot{Z}$ を接続したときに流れる電流 $\dot{I}$ は，

$$\dot{I} = \frac{E}{\dot{Z}_0 + \dot{Z}} \quad\cdots\cdots\cdots\cdots\cdots\cdots\cdots\cdots\cdots\cdots\cdots\cdots\cdots\cdots\cdots\cdots\cdots\cdots\cdots\cdots (5-77)$$

から計算できる。これを「**テブナンの定理**」（又は「**鳳（ほう）・テブナンの定理**」）という。

次に図5-39（b）の等価電源の別の見方について触れておく。

式（5-76）で $\dot{I}_R \rightarrow \dot{I}$，$R \rightarrow \dot{Z}$ と一般化した方程式を変形すると，次のようになる。

$$\dot{I} = \dot{I}_0 - \dot{Y}_0 \dot{V} = \dot{Y}\dot{V} \quad\cdots\cdots\cdots\cdots\cdots\cdots\cdots\cdots\cdots\cdots\cdots\cdots\cdots\cdots\cdots\cdots (5-78)$$

ここで，$\dot{I}_1 = E\dot{Y}_0$，$\dot{Y}_0 = 1/\dot{Z}_0$ であり，$\dot{Y}_0$ は電源の内部アドミタンス，$\dot{I}_0$ は $\dot{V} = 0$ （端子a, bを短絡したとき）における定電流電源を意味している。

外部に接続されるインピーダンス $\dot{Z}$ をアドミタンス $\dot{Y}$ で表現すると $\dot{Y} = 1/\dot{Z}$ であり，a, b端子間電圧 $\dot{V}$ は，次のようになる。

$$\dot{V} = \frac{\dot{I}_0}{\dot{Y}_0 + \dot{Y}} \quad\cdots\cdots\cdots\cdots\cdots\cdots\cdots\cdots\cdots\cdots\cdots\cdots\cdots\cdots\cdots\cdots\cdots\cdots\cdots (5-79)$$

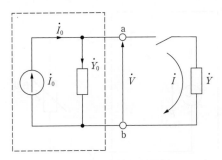

図5-40　等価電流源

なお，図5-39（b）と図5-40は，本質は同じでも表現法が次のように異なる。
① 図5-40は，定電流源 $\dot{I}_0$ と内部アドミタンス $\dot{Y}_0$ が並列接続された電流電源として等価表現されている。この形式の等価電源を**ノートン形等価電源**（又は**等価電流電源**）という。
② 式（5-77）と式（5-79）を比較すると，形式が相似であり，電圧と電流，インピーダンスとアドミタンスを互いに交換して得ていることが分かる。

したがって，「2端子回路網をノートン形等価電源で表現すると，その2端子間にアドミタンス $\dot{Y}$ を接続するときの端子電圧 $\dot{V}$ は，式（5-79）で求められる」といえる。これを「**ノートンの定理**」という。

（4）最大受電電力の定理

内部インピーダンス $\dot{Z}_0$，起電力 E をもつ正弦波交流電源から最大有効電力を引き出すには，負荷のインピーダンス $\dot{Z}_L$ を電源の $\dot{Z}_0$ と共役の関係に調整すればよい。

図5-41において，$\dot{Z}_0 = R_0 + jX_0$ の場合は $\dot{Z}_L = \dot{Z}_0{}^* = R_0 - jX_0$ とすればよい。これは $\dot{Z}_L + \dot{Z}_0 = 2R_0$ であり，回路が ω [rad/s] について直列共振状態になることが必要条件であることを意味している（$X_0 = 0$ の場合は，共振とは無縁である）。

この場合の最大受電電力 $P_{\max}$ [W] は次式となる。

$$P_{\max} = I^2 R_0 = \left(\frac{E}{2R_0}\right)^2 R_0 = \frac{E^2}{4R_0} \quad \cdots\cdots\cdots\cdots\cdots\cdots (5-80)$$

以上を「**最大受電電力の定理**」という。

なお，テレビ受像器のアンテナ回路において，アンテナとフィーダ線（3C2Vのケーブルなど）及び受像機の各接続部でインピーダンスを，例えば75Ωに一致させる[(8)]のも，この定理による。

---

(8) **インピーダンス整合**（又は**インピーダンス・マッチング**）という。

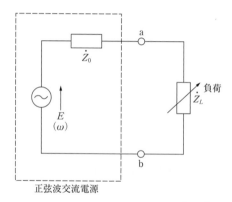

図5-41 最大受電電力の条件（$\dot{Z}_L = \dot{Z}_0{}^*$）

5.7 電圧電流の極性と位相差の測定

　当面している回路が直流回路であれ，交流回路であれ，いずれの場合でも回路の計算に当たっては，その準備として回路各部の電圧，電流の向き（**極性**ともいう）を設定しなければならない。この「向き設定（又は仮定）」のもつ意味についてもう少し考えてみる。

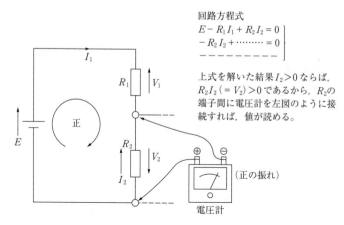

図5-42　直流回路における電圧と電流の向きの意味

（1）　直流回路を解く場合に設定した電圧，電流の向きは，計算結果によって，そのままでよいか，逆とすべきかが明らかになる。したがって，それらの向きは，計算結果を測定で確認するときの計器端子の正負の接続を案内してくれるものと解釈できる（図5-42参照）。

（2）　一方，交流回路の電圧，電流の向きの仮定も，測定で結果を確かめる場合の計測器の接続条件を示すと解釈できるが，直流の場合と比較して，さらにある電圧を基準とした相対的位相は，$-\pi \leqq \theta \leqq \pi$の範囲で決まることに注意しなければならない。したがって，大きさと位相が同時に計測できる多入力（**多チャンネル**ともいえる）の**オシロスコープ**（「第1章第3節3.5」図1-45参照）や**オシログラフ**などを必要とする。

第6節　三相交流

6.1　三相起電力

　交流の基本である単相正弦波交流起電力の発生について学んできた。一般的に，それぞれ $2\pi/3$［rad］（120°）の位相差をもつように発生させた3種類の起電力を，三相起電力又は三相交流起電力という。

　三相起電力が発生したとき，図5−43のような波形が現れ，相回転の方向より位相の遅れ順は e_a, e_b, e_c となる。これを相順という。

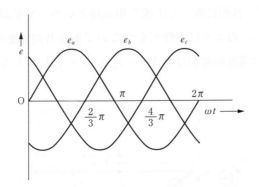

図5−43　三相交流起電力の波形と相順

6.2　三相結線

（1）星形結線

　3つの単相交流電源を，図5−44（b），（c）に示すように結線する方法を，三相星形結線又はY結線（スター結線）という。いま，図5−44（b）において図5−44（a）に示すように，三相電源の各相に負荷（$\dot{Z}$ インピーダンス）を接続すれば，各相に流れる $\dot{I}_a$, $\dot{I}_b$, $\dot{I}_c$ は，

$$\left.\begin{array}{l} \dot{I}_a = \dfrac{\dot{E}_a}{\dot{Z}} \\[6pt] \dot{I}_b = \dfrac{\dot{E}_b}{\dot{Z}} \\[6pt] \dot{I}_c = \dfrac{\dot{E}_c}{\dot{Z}} \end{array}\right\} \quad\cdots\cdots\cdots\cdots\cdots\cdots (5-81)$$

となる。各相を流れる電流 $\dot{I}_a$, $\dot{I}_b$, $\dot{I}_c$ のことを，相電流と呼んでいる。また，$\dot{I}_a$, $\dot{I}_b$, $\dot{I}_c$ がそれぞれ同じ大きさで互いに $2\pi/3$［rad］（120°）の位相差をもつとき，このような電流を

対称三相電流という。

図5－44（b）に示すように，図5－44（a）の結線で電源側のa′，b′，c′と負荷側のa″，b″，c″の各端子をそれぞれ一括し，O′とO″間を一本の共同線（合成電流 $\dot{I}_a + \dot{I}_b + \dot{I}_c$）にしても差し支えない。図5－44（b）の結線法を**三相4線式**という。$\dot{I}_a$，$\dot{I}_b$，$\dot{I}_c$ が対称三相電流である場合は，その電流の総和は $\dot{I}_a + \dot{I}_b + \dot{I}_c = 0\mathrm{A}$ となる。

さらに，O′とO″点を結んでいる共同線は，取り除いても電流分布に変化をきたすことはない。図5－44（c）のように，共同線を取り除いた結線方法は，三相3線式となる。三相3線式には種類がいくつかあるが，図5－44（c）の結線を一般に**星形結線**又は**Y結線（スター結線）**という。

図5－44（c）において，電源端子電圧や負荷の各インピーダンスの端子電圧 $\dot{E}_a$，$\dot{E}_b$，$\dot{E}_c$ のことを**相電圧**といい，3本の電線間の電圧 $\dot{V}_{ab}$，$\dot{V}_{bc}$，$\dot{V}_{ca}$ を**線間電圧**という。また，各線に流れる電流を線電流，各相に流れる電流を相電流という。Y結線の共同点O′，O″を中性点といい，図5－44（b）のように中性点をつないである共同線を中性線という。図5－44（c）のとき，中性点での電流の総和は0A $(= \dot{I}_a + \dot{I}_b + \dot{I}_c)$ である。

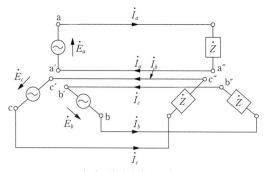

（a）星形結線の考え方

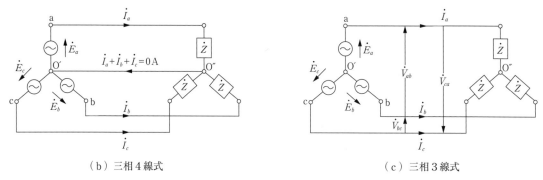

（b）三相4線式　　　　　　　　　（c）三相3線式

図5－44　星　形　結　線

ここで，図5－44（c）において，ab間の電圧 $\dot{V}_{ab}$ を考えてみる。ab端子間すなわちaO′b間では，互いに正の方向が反対に定めてある2つの起電力 $\dot{E}_a$ と $\dot{E}_b$ が存在しているので，これら $\dot{E}_a$ と $\dot{E}_b$ のベクトルの和が線間電圧 $\dot{V}_{ab}$ となる。

$$\dot{V}_{ab} = \dot{E}_a - \dot{E}_b \quad \cdots\cdots\cdots\cdots\cdots\cdots\cdots\cdots\cdots\cdots\cdots\cdots\cdots\cdots\cdots\cdots\cdots \quad (5-82)$$

同様に各線間電圧を考えると,

$$\dot{V}_{bc} = \dot{E}_b - \dot{E}_c \quad \cdots\cdots\cdots\cdots\cdots\cdots\cdots\cdots\cdots\cdots\cdots\cdots\cdots\cdots\cdots\cdots\cdots \quad (5-83)$$

$$\dot{V}_{ca} = \dot{E}_c - \dot{E}_a \quad \cdots\cdots\cdots\cdots\cdots\cdots\cdots\cdots\cdots\cdots\cdots\cdots\cdots\cdots\cdots\cdots\cdots \quad (5-84)$$

となる。

この関係をベクトル図で示すと,図5-45(a)あるいは図5-45(b)のようになり,$\dot{V}_{ab}$, $\dot{V}_{bc}$, $\dot{V}_{ca}$ はそれぞれ $\dot{E}_a$, $\dot{E}_b$, $\dot{E}_c$ より $\pi/6$ [rad](30°)だけ進んだ位相となる。その結果,線間電圧を $\dot{V}_{ab}$, $\dot{V}_{ba}$, $\dot{V}_{ca}$ の順に並べると,互いに $2\pi/3$ [rad](120°)ずつ位相差がある。線間電圧と相電圧の関係は,図5-46より,

$$V_{ab} = E_a \cos\frac{\pi}{6} \times 2 = E_a \times \frac{\sqrt{3}}{2} \times 2 = \sqrt{3} E_a \quad \cdots\cdots\cdots\cdots\cdots\cdots \quad (5-85)$$

となり,

線間電圧 = √3 × 相電圧

となる。各線電流は,各相電流として電源又は負荷へ流れるので,相電流と線電流の関係は,図5-44(c)より,

相電流 = 線電流

となる。

ここで,各電源による起電力の大きさが等しく,各相が互いに $2\pi/3$ [rad](120°)の位相差をもつ電圧を,対称三相電圧という。相電圧と線電流の位相差 θ は,1相当たりの負荷インピーダンス $\dot{Z}$ によって定まり,$\dot{Z} = R + jX$ とすると,

$$\theta = \tan^{-1}\frac{X}{R} \quad \cdots\cdots\cdots\cdots\cdots\cdots\cdots\cdots\cdots\cdots\cdots\cdots\cdots\cdots\cdots\cdots\cdots \quad (5-86)$$

である。

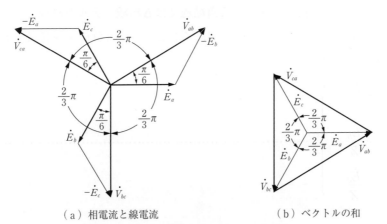

(a) 相電流と線電流　　　　(b) ベクトルの和

図5-45　星形結線の電圧のベクトル表示

この回路の三相消費電力 P [W] は，各相の消費電力の総和である。したがって，次のようになる。

$$P = V_a I_a \cos\theta_a + V_b I_b \cos\theta_b + V_c I_c \cos\theta_c \quad\cdots\cdots\cdots\cdots\cdots (5-87)$$

ただし，

相電圧　　$V_a = V_b = V_c = V_s$

相電流　　$I_a = I_b = I_c = I_s$

力率　　　$\cos\theta_a = \cos\theta_b = \cos\theta_c = \cos\theta$

となり，よって，

$$P = 3V_s I_s \cos\theta \quad\cdots\cdots\cdots\cdots\cdots\cdots\cdots\cdots\cdots\cdots\cdots\cdots\cdots\cdots\cdots\cdots (5-88)$$

三相消費電力 $= 3 \times$ 相電圧 $\times$ 相電流 $\times$ 力率

となる。

三相消費電力を線間電圧と線電流で表わす場合は，Y結線における線間電圧と相電圧関係により，

$$P = 3V_s I_s \cos\theta = 3(V_L/\sqrt{3})I_L \cos\theta = \sqrt{3} V_L I_L \cos\theta \quad\cdots\cdots\cdots\cdots (5-89)$$

三相消費電力 $= \sqrt{3} \times$ 線間電圧 $\times$ 線電流

　　　　ただし，V_L（線間電圧），I_L（線電流）

となる。

また，三相無効電力は Q [var] は，

$$Q = \sqrt{3} V_L I_L \sin\theta \quad\cdots\cdots\cdots\cdots\cdots\cdots\cdots\cdots\cdots\cdots\cdots\cdots\cdots (5-90)$$

三相皮相電力 S [V・A] は，

$$S = \sqrt{3} V_L I_L \quad\cdots\cdots\cdots\cdots\cdots\cdots\cdots\cdots\cdots\cdots\cdots\cdots\cdots\cdots\cdots\cdots (5-91)$$

となる。負荷についても，星形結線（Y結線）の場合，電源と全く同様となる。

（2）三 角 結 線

図5-46（b）のような接続方法を，**三角結線**又は**Δ結線**（**デルタ結線**）という。いま，図5-46（a）に示すように，三相電源の各相にインピーダンス負荷 $\dot{Z}$ を接続すれば，各負荷に流れる相電流 $\dot{I}_a{}'$, $\dot{I}_b{}'$, $\dot{I}_c{}'$ は，

$$\left.\begin{array}{l} \dot{I}_a{}' = \dfrac{\dot{E}_a}{\dot{Z}} \\[4pt] \dot{I}_b{}' = \dfrac{\dot{E}_b}{\dot{Z}} \\[4pt] \dot{I}_c{}' = \dfrac{\dot{E}_c}{\dot{Z}} \end{array}\right\} \quad\cdots\cdots\cdots\cdots\cdots\cdots\cdots\cdots\cdots (5-92)$$

となる。

ここで，図5－46（b）のように各電源と負荷を接続しても，電源や負荷に流れる相電流に変化はないが，各線電流 $\dot{I}_a$，$\dot{I}_b$，$\dot{I}_c$ はそれぞれ，

$$\left.\begin{array}{l} \dot{I}_a = \dot{I}_a' - \dot{I}_c' \\ \dot{I}_b = \dot{I}_b' - \dot{I}_a' \\ \dot{I}_c = \dot{I}_c' - \dot{I}_b' \end{array}\right\} \quad\cdots\cdots\cdots\cdots\cdots\cdots\cdots\cdots\cdots\cdots\cdots\cdots\cdots\cdots\cdots\cdots\cdots\cdots(5-93)$$

である。

図5－46（b）のように，対称三相電源の場合は，

  線間電圧 $V_a = V_b = V_c = V_s$

  相電圧 $E_a = E_b = E_c = E_s$

       $E_s = V_s$

となり，よって，相電圧と線間電圧の関係は，

  相電圧 ＝ 線間電圧

となる。

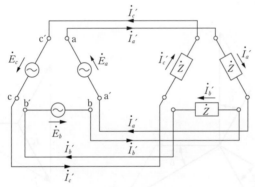

（a）三角結線の考え方

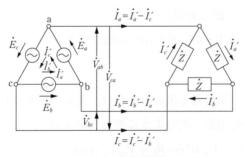

（b）三 角 結 線

図5－46 三角結線とその考え方

図5-47のベクトル図より,

$$I_a = 2I_a' \cos 30° = 2I_a' \left(\frac{\sqrt{3}}{2}\right) = \sqrt{3} I_a' \quad \cdots\cdots (5-94)$$

すなわち，線電流を基準とすると，

$$I_a = \sqrt{3} I_a' \quad \cdots\cdots (5-95)$$

線電流＝$\sqrt{3}$×相電流

となる。また，相電流には次のような関係がある。

$$\dot{I}_a' + \dot{I}_b' + \dot{I}_c' = 0\text{A} \quad \cdots\cdots (5-96)$$

星形結線と同様に相電圧と線電流の位相差 θ は，1相当たりのインピーダンス負荷 $\dot{Z}$ によって定まり，$\dot{Z} = R + jX$ とすると，

$$\theta = \tan^{-1} \frac{X}{R} \quad \cdots\cdots (5-97)$$

である。

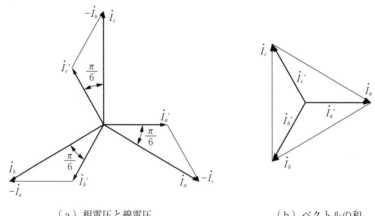

（a）相電圧と線電圧　　　　（b）ベクトルの和

図5-47　星形結線の電流のベクトル表示

　負荷が三角結線のときに三相電力を求める場合は，前項の星形結線の場合と同じように，各相の負荷が消費する電力の総和を，次のように求めればよい。

$$P = V_{ab}I_a' \cos\theta_a + V_{bc}I_b' \cos\theta_b + V_{ca}I_c' \cos\theta_c \quad \cdots\cdots (5-98)$$

ここで，電源が対称三相交流の場合では，

$$\left.\begin{array}{ll} \text{相電圧} & V_a = V_b = V_c = V_s \\ \text{相電流} & I_a = I_b = I_c = I_s \\ \text{力率} & \cos\theta_a = \cos\theta_b = \cos\theta_c = \cos\theta \end{array}\right\} \cdots\cdots (5-99)$$

となり，よって，

$$P = 3V_s I_s \cos\theta \quad\cdots\cdots\cdots\cdots\cdots\cdots\cdots\cdots\cdots\cdots\cdots\cdots\cdots\cdots\cdots\cdots\cdots\cdots\cdots (5-100)$$
三相消費電力 = 3 × 相電圧 × 相電流 × 力率

となる。

三相消費電力 P [W] を線間電圧と線電流で表わす場合は，Δ結線における線間電圧と相電圧，線電流と相電流の関係により，

$$P = 3V_s I_s \cos\theta = 3V_L(I_L\sqrt{3})\cos\theta = \sqrt{3}V_L I_L \cos\theta \cdots\cdots\cdots\cdots\cdots (5-101)$$

三相消費電力 = $\sqrt{3}$ × 線間電圧 × 線電流

ただし，V_L（線間電圧），I_L（線電流）

また，三相無効電力は Q [var] は

$$Q = \sqrt{3}V_L I_L \sin\theta \quad\cdots\cdots\cdots\cdots\cdots\cdots\cdots\cdots\cdots\cdots\cdots\cdots\cdots\cdots\cdots (5-102)$$

三相皮相電力 S [V·A] は，

$$S = \sqrt{3}V_L I_L \quad\cdots\cdots\cdots\cdots\cdots\cdots\cdots\cdots\cdots\cdots\cdots\cdots\cdots\cdots\cdots\cdots\cdots\cdots (5-103)$$

となる。負荷についても三角結線（Δ結線）の場合，電源と全く同様となる。

ここまで，星形結線と三角結線について学んできた。ここで，消費電力，無効電力，皮相電力について考えてみる。それぞれの式は結線が違っても同じになるが，その値は，相電圧と線間電圧，相電流と線電流の関係によって異なる。

星形結線と三角結線の消費電力，無効電力，皮相電力について，例題を通してその違いを調べることにする。

〔**例題 19**〕

(i) 対称三相交流 200V の三相3線式の電源がある。この電源に負荷 Z [Ω] を Y 結線として図 5-48（a）のように接続した。このときの負荷の三相消費電力 P_Y [W]，無効電力 Q_Y [var]，皮相電力 S_Y [V·A]，力率を求めよ。ただし，インピーダンス $\dot{Z} = 4 + j3$ [Ω]，線電流を I_{LY}，相電流を I_{SY}，線間電圧を V_{LY}，相電圧を V_{SY} とする。

(ii) (i)の三相3線式の電源において，負荷をΔ結線として図 5-48（b）のように接続した場合における負荷の三相消費電力 P_Δ [W]，無効電力 Q_Δ [var]，皮相電力 S_Δ [V·A]，力率を求めよ。ただし，線電流を $I_{L\Delta}$，相電流を $I_{S\Delta}$，線間電圧を $V_{L\Delta}$，相電圧を $V_{S\Delta}$ とする。

(iii) (i)(ii)において Y 結線時の線電流に対してΔ結線の線電流は何倍か答えよ。消費電力について，P_Y に対して P_Δ は何倍か答えよ。

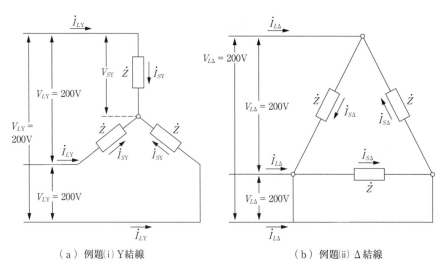

（a）例題(i) Y結線　　　　　　　　　（b）例題(ii) Δ結線

図5-48　例題19の回路図

（解） 電源電圧（線間電圧）を V_L（$=200$V）とし，Y結線の相電圧を V_{SY}，相電流を I_{SY}，線電流を I_{LY}，Δ結線の相電圧を $V_{S\Delta}$，相電流を $I_{S\Delta}$，線電流を $I_{L\Delta}$ とする。

(i) 負荷 Z の合成インピーダンス［Ω］は，$Z=\sqrt{4^2+3^2}=5\,\Omega$

力率は，$\cos\theta=\dfrac{R}{Z}=\dfrac{4}{5}=0.8$（80％）

Y結線の相電圧と線間電圧は，$V_L=\sqrt{3}\,V_{SY}$ の関係より，$V_{SY}=\dfrac{200}{\sqrt{3}}$ V

となる。Y結線の相電流と線電流は等しいので，次のようになる。

$$相電流=\dfrac{V_{SY}}{Z}=\dfrac{\frac{200}{\sqrt{3}}}{5}=\dfrac{40}{\sqrt{3}}\,\text{A}=線電流$$

以上より，

$$P_Y=\sqrt{3}\,V_{LY}I_{LY}\cos\theta=\sqrt{3}\times200\times\dfrac{40}{\sqrt{3}}\times0.8=6\,400\,\text{W}=6.4\,\text{kW}$$

また，無効率 $\sin\theta=\dfrac{X}{Z}=\dfrac{3}{5}=0.6$（60％）により，

$$Q_Y=\sqrt{3}\,V_{LY}I_{LY}\sin\theta=\sqrt{3}\times200\times\dfrac{40}{\sqrt{3}}\times0.6=4\,800\,\text{var}=4.8\,\text{kvar}$$

$$S_Y=\sqrt{3}\,V_{LY}I_{LY}=\sqrt{3}\times200\times\dfrac{40}{\sqrt{3}}=8\,000\,\text{V·A}=8.0\,\text{kV·A}$$

(ⅱ) Δ結線時でも負荷 Z のインピーダンス〔Ω〕と力率は同じである。

$$Z = 5 \, \Omega \qquad \cos\theta = 0.8 \, (80\%)$$

Δ結線時，相電圧は線間電圧と等しいので，$V_L = 200 \, \text{V} = V_{S\Delta}$
この時，相電流は，$I_{S\Delta} = \dfrac{V_{S\Delta}}{Z} = \dfrac{200}{5} = 40 \, \text{A}$
相電流と線電流の関係は，

$$\text{相電流} = \dfrac{\text{線電流}}{\sqrt{3}} \quad \text{より，} \quad I_{L\Delta} = 40\sqrt{3} \, \text{A}$$

以上より，

$$P_\Delta = \sqrt{3} V_{L\Delta} I_{L\Delta} \cos\theta = \sqrt{3} \times 200 \times 40\sqrt{3} \times 0.8 = 19\,200 \, \text{W} = 19.2 \, \text{kW}$$
$$Q_\Delta = \sqrt{3} V_{L\Delta} I_{L\Delta} \sin\theta = \sqrt{3} \times 200 \times 40\sqrt{3} \times 0.6 = 14\,400 \, \text{var} = 14.4 \, \text{kvar}$$
$$S_\Delta = \sqrt{3} V_{L\Delta} I_{L\Delta} = \sqrt{3} \times 200 \times 40\sqrt{3} = 24\,000 \, \text{V·A} = 24.0 \, \text{kV·A}$$

(ⅲ) $\dfrac{I_{L\Delta}}{I_{LY}} = \dfrac{40\sqrt{3}}{\dfrac{40}{\sqrt{3}}} = 3$ より，Δ結線はY結線の3倍の線電流である。

$\dfrac{P_\Delta}{P_Y} = \dfrac{19\,200}{6\,400} = 3$ より，Δ結線はY結線の3倍の消費電力である。

この(ⅲ)の結果より，電源電圧が一定である場合，Y結線ではΔ結線と比べて線電流が1/3倍，トルクが1/3倍になることがわかる。この関係を利用して，例えば電動機をY結線で運転してからΔ結線に切り替えて運転することで始動電流を抑えることができる。また，始動電流は定格時の6倍の電流が線電流として流れるので，Y結線はΔ結線よりも始動電流時における電線1本当たりの損失（I^2R〔W〕）を1/9倍に抑えることができる。

このようにY結線とΔ結線を用いることで，始動電流を抑えた電動機の運転が可能になる。電動機をY結線で始動し，その後Δ結線に替えて運転する結線方法を，**Y－Δ（スターデルタ）結線**と呼んでいる。

ここまでは，三相交流を考えやすくするために，電源と負荷がともに平衡（負荷の場合は三相平衡負荷と呼ぶ）している場合を扱ってきた。それらのうち，少なくとも一方が平衡していない場合，すなわち，電源が平衡しているが，負荷が不平衡である場合などを考えるときは，次の方法で取り組む。
① 一般の問題と同じように「キルヒホッフの法則」により回路方程式を立てて解く。
② 三相不平衡回路を解くための特別な方法（**対称座標法**）を使う。
ただし，これらの方法は専門的なため，本書では取り上げないことにする。

6.3 回転磁界と三相電動機

「本章第6節6.1」で，位相が120°違う3組の電源で三相交流起電力が得られることを学んだ。

物理の世界では，原因と結果の関係（因果関係）がはっきりしており，結果から原因を再現できる事象例も多い。三相交流もその一例で，120°ずつずらして配置した3個1組のコイルに三相交流を流すと，それらのコイルは回転磁界を再現し，まるで空間で1対のN極，S極を回転させているのと同じ効果を発生する。

このとき，各コイルに三相のどの相を接続するかによって，回転磁界の回転方向が変わる。図5－49のように，コイル a, b, c の順に $\dot{I}_a$, $\dot{I}_b$, $\dot{I}_c$ を流すと時計の運針方向（時計方向）に回る回転磁界が発生し，一方，コイル b, c に流す電流を $\dot{I}_c$, $\dot{I}_b$ と入れ替えると逆回転する磁界が生じる。

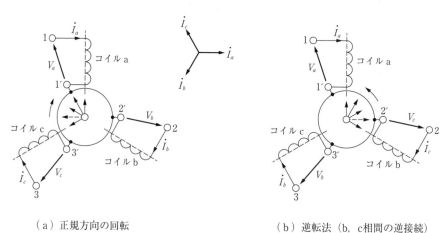

（a）正規方向の回転　　　　　　（b）逆転法（b, c相間の逆接続）

図5－49　三相回転磁界の発生と逆転法

上述した回転磁界がどのようにして描かれたのか，その方法の要点を説明しておく。
① 電流の相順はベクトル図に示すようにa－b－cとし，瞬時値のサンプルを選ぶ場合には，図5－43の三相交流起電力の波形を参照し，e を i と読み替え，かつ波形の最大値を1と設定して，(i_a, i_b, i_c) の組データを読み取る。ここで $i_a + i_b + i_c = 0$ の関係にあるべきことに留意する。
② あるコイルにつけられた端子番号のうち，ダッシュのないほうから電流 i が流入するとき，回転中心の位置に生じる磁界は大きさが H で，向きはコイル軸上のコイル側であると仮定する（図5－50を参照）。さらに $H = ki$，k：比例定数と表せるが，$k = 1$ とおけば，$H = i$ となり，簡単に図示できる。

③ 任意の時刻において，各コイルによって作られる磁界を細線のベクトルで，また，合成磁界は太線のベクトルで示すことに決める。この方法で時刻 t，又は位相角 θ（$=\omega t$）を変化させ合成磁界の回転の様子が調べられる。

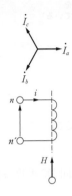

相電流の瞬時値の例		
ωt	$0°$	$60°$
i_a	0	0.866
i_b	-0.866	-0.866
i_c	0.866	0
合成磁界	------→	──→

注1) 電流 i の最大値は1とする。
 2) 0.866 は $\sqrt{3}/2$ の近似値である。
 3) コイルの端子 n から電流 i が流入するとき，軸上では上向きに磁界 H を生じると仮定する。H の大きさは i に比例する。

図5-50　回転磁界の描き方

　図5-49においては，図5-43を見て $\omega t=0°$ 及び $60°$ の2時点を選んで得られた合成磁界ベクトルが示してある。この結果，時間の経過に伴って磁界が右回転する様子が図5-49(a)に，また，図5-49(b)に磁界の逆転方法としてコイル2相への電源の接続を逆とする方法が証明されたといえる。

　この回転磁界の速度（これを**同期速度**とも呼ぶ）は，交流の周波数を f [Hz] とすれば毎秒 f 回転，毎分では $60f$ 回転となる。もし，同一周波数の三相交流で別な回転速度の磁界をつくる場合は，図5-49のようなコイル組をいくつかつくって適切に結線すればよい。例えば，p 組の三相コイルを用いれば，N-S極が p 対できる回転磁界を毎分 $60\times(f/p)$ 回転の速度で回すことができる。よって，

$$\text{回転磁界の同期速度} = \frac{60f}{p} \ [\text{min}^{-1}] \quad\cdots\cdots (5-104)$$

　1kW 程度を超える交流電動機は，ほとんどが三相交流電源を用いており，上記の回転磁界を有効に発生させてトルクを得るため，その巻線は固定子鉄心の溝に入れてある。巻線の外部端子は端子箱中に引き出され，普通は U, V, W の英字のラベルを付けている。U, V, W は先に三相の説明で使ってきた a, b, c に代わるものである。電動機の端子 U, V, W を三相電源の U, V, W 相に接続するとき，図5-51に示すような端子箱の位置との関係で決まる回転方向に電動機が回転するように巻線が配置される。

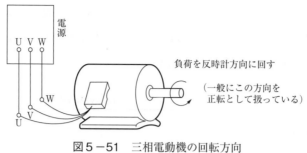

図5－51　三相電動機の回転方向

〔**例題21**〕　ある三相誘導電動機の銘板を見たら50Hz，4極と記してあった。
この電動機の固定子がつくる回転磁界の同期速度はいくらか。

（**解**）　極対数は$p=4/2=2$であるから，式（5－104）より同期速度$=60\times50/2=1\,500\text{min}^{-1}$となる。

第5章のまとめ

この章で学んだことは，以下のとおりである．

（1） 交流回路を構成する素子として抵抗器，コイル，コンデンサがあり，それぞれ動作原理は全く異なるが，電流を抑制する作用（交流抵抗ともいえる）をもつ．これら素子の定数は抵抗 R [Ω]，インダクタンス L [H] 及び静電容量（又はキャパシタンス）C [F] であり，交流抵抗はそれぞれ R, ωL, $\dfrac{1}{\omega C}$ [Ω] なる値を示す．後2者の交流抵抗のことを誘導性リアクタンス，容量性リアクタンスと呼ぶ．

（2） R, L, C に共通の交流電流を流すと，発生する電圧の位相はそれぞれ同相，90°進み，90°遅れとなる．これらの位相関係を基礎として R, L, C の種々の接続に対する合成インピーダンスの計算法が求められる．

（3） L と C があると合成リアクタンスが 0 又は電流が無限大となる周波数がある．これを共振周波数といい，f_0 [Hz] で表す．共振周波数 f_0 は，$f_0 = \dfrac{1}{2\pi\sqrt{LC}}$ で求められる．

（4） ベクトルを図的関係として表すだけでは便利さが弱い．ベクトルを複素数で表すと，交流回路の計算がすっきりした形で整理される．例えば，電流ベクトルを $\dot{I}$ とすると，$\dot{I} = I\angle\theta = I(\cos\theta + j\sin\theta) = I_1 + jI_2$ と表せる．ただし，j は虚数単位で $j^2 = -1$ の関係にある．なお，$j = 1\angle 90°$ となることに注意する．

（5） 交流回路の諸量を全部ベクトルで記号表現し，「オームの法則」「キルヒホッフの法則」によった回路方程式を複素数の代数計算として処理する方法を"ベクトル記号法"と呼ぶ．

（6） 電源を有効に利用するためには，力率の低い負荷に並列に，負荷のリアクタンス成分と逆の性質を示すリアクタンスを接続し，合成力率を1に近づける必要がある．

（7） 電源には電圧源と電流源の2種類がある．

（8） 三相電源は大きさが等しく，位相が120°ずつずれた3個の電圧を1組としてもつ電源をいい，出力端子には位相が遅れる順序に，例えばU，V，Wのような連続した英文字の名称を付ける。

　電源，負荷の結線方式には，Y（スター）とΔ（デルタ）形があるが，基本的には三本の電線で電力を授受できる。負荷力率$\cos\theta$，線間電圧V [V]，線電流I [A] とすると三相消費電力は$\sqrt{3}VI\cos\theta$ [W] で求められる。

第5章　練習問題

1. 純粋な R, L, C をもつ抵抗, インダクタンス及びキャパシタがあって, 50Hz に対してそれぞれ 50Ω, 30Ω 及び 3.6Ω のインピーダンスを示した. もし, 周波数が 60Hz に変わったとしたらインピーダンスはどうなるか.

2. ある負荷が 50Hz の交流に対して, $\dot{Z}_L = 3 + j4\,\Omega$ というインピーダンスを示していた. この負荷の力率はいくらか. また, 合成負荷の力率を 1 に改善するにはどうしたらよいか.

3. 次図に示したブリッジ形回路が平衡状態 ($\dot{Z}_1\dot{Z}_3 = \dot{Z}_2\dot{Z}_4$) にある. このとき, $\dot{E}_2$ を流れる電流 $\dot{I}_2$ はどのようになるか. ただし, 図中の起電力, インピーダンスは, 全て同一周波数に対するものとする.

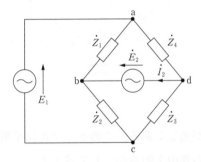

4. 三相, 50Hz, 線間電圧 $200\angle(0°)$V の電源に Y 結線の三相平衡負荷 (相インピーダンス $\dot{Z}_L = 1\angle(0°)\Omega$) を接続するとき, 線電流と負荷の消費電力を求めよ.

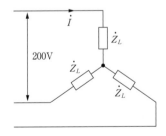

5. 101.4mH のコイルを使って 50Hz に共振する回路をつくりたい. このために必要なキャパシタの容量はいくらか.

6. ある二つの回路について 50Hz でインピーダンスを調べたら，それぞれ $\dot{Z}_1 = 1 + j2\Omega$, $\dot{Z}_2 = 2 - j3\Omega$ と表されていることが分かったとする。このとき各回路の中味はどのように表現できるか。

7. $\dot{Z}_1 = 1 + j2\Omega$, $\dot{Z}_2 = 2 - j3\Omega$ の二つのインピーダンスが直列に接続されて 1A の電流が流れている。このとき電流を基準ベクトルに選んで，各インピーダンスの端子電圧と全体の端子電圧の関係をベクトル図として示せ。また，全端子電圧の値はいくらか。

8. 図に示した交流ブリッジは平衡しているかどうかを調べよ。ただし，各枝路のインピーダンスは信号電源 e の周波数に対する値とし，$\dot{Z}_2 = 1 + j3\Omega$, $\dot{Z}_3 = 1 - j3\Omega$ とする。

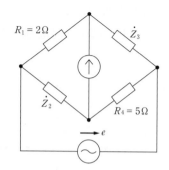

9. 環状鉄心に三心ケーブルが通してある。このケーブルに平衡三相電流を流したとき，鉄心には磁束が発生するか。その理由を明らかにして答えよ。

10. 50Hz，60Hz の三相交流を使って得られる回転磁界について，それぞれの最大となる同期速度はいくらか。

第6章
ひずみ波交流

　第4章，第5章では，正弦波について学んだ。実際の電気事象で観測される波形は，きれいな正弦波とは異なる周期的な波形が多い。例えば，テレビ，ラジオの波形，照明器具とその調光回路の波形などがある。

　この章では，正弦波ではないひずみ波交流（非正弦波）について学ぶ。

第1節　ひずみ波交流の表現

1．1　ひずみ波交流の波形

　図6－1（a）には，オシロスコープで観測された二つの正弦波交流 e_1，e_2 が示してある。それぞれの正弦波の最大値，周波数は異なっている。e_1 の1周期中に e_2 の周期が，3周期現れている。すなわち，e_1 の角周波数を ω [rad/s] とすれば，e_2 の角周波数は，3ω [rad/s] となる。

　これらの周波数と最大値の異なる二つの正弦波を各時刻について加えると，図6－1（b）のようになる。また，図6－1（c）のようにさらに角周波数 5ω [rad/s] の正弦波 e_3 を加えると，図6－1（d）に示す波形となる。（b），（d）のような波形をひずみ波交流という。

　このように周波数と最大値の異なる正弦波を合成してみると，ひずみ波交流が得られることが理解できよう。

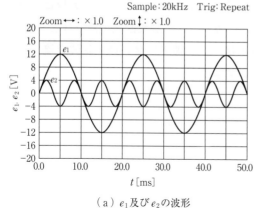
（a）e_1 及び e_2 の波形

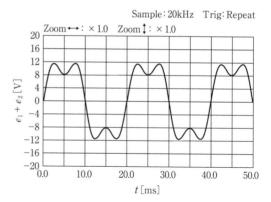
（b）e_1 及び e_2 を合成した波形

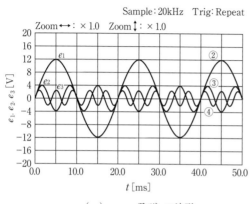
（c）e_1，e_2 及び e_3 の波形

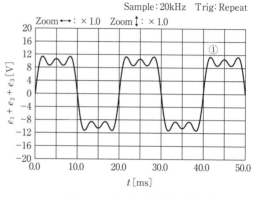
（d）e_1，e_2 及び e_3 を合成した波形

図6－1　正弦波の合成によるひずみ波

一般的に,「ひずみ波交流は,周波数,最大値が異なる正弦波を組み合わせて表現できる」といえる。

1.2 ひずみ波交流の表し方

図 6 – 2 (a) におけるひずみ波交流 e は,それぞれの正弦波を加えることで得られた。いま,e_1,e_2,e_3 が与えられると,ひずみ波交流は,次式となる。

$$e = e_1 + e_2 + e_3$$
$$= \sqrt{2}E_1\sin\omega t + \sqrt{2}E_2\sin 3\omega t + \sqrt{2}E_3\sin 5\omega t \quad \cdots\cdots\cdots(6-1)$$

この式の第1項は,**基本波**といい,基本波の周波数は,基本周波数という。基本周波数は,各項の周波数の最も低い周波数であり,第2項の周波数は基本周波数の3倍,第3項の周波数は基本周波数の5倍である。基本周波数の整数倍の交流成分を**高調波**という。すなわち,第2項は第3次高調波,また第3項は第5次高調波という。

図 6 – 2 (b) は,縦軸に正弦波の振幅をとり,横軸に周波数を表示しているが,これを**周波数スペクトル図**(又は**周波数スペクトラム**)といい,e は三つの正弦波からなっていることが分かる。

図 6 – 3 に示すような一般のひずみ波交流は,次のような無数の成分から構成される[1]。

$$e = E_0 + e_1 + e_2 + e_3 + \cdots$$
$$= E_0 + \sqrt{2}E_1\sin(\omega t + \phi_1) + \sqrt{2}E_2\sin(2\omega t + \phi_2)$$
$$+ \sqrt{2}E_3\sin(3\omega t + \phi_3) + \cdots \quad \cdots\cdots\cdots(6-2)$$

上式で E_0 は直流成分である。

---

(1) このように分解したものをフーリエ級数という。

第6章 ひずみ波交流

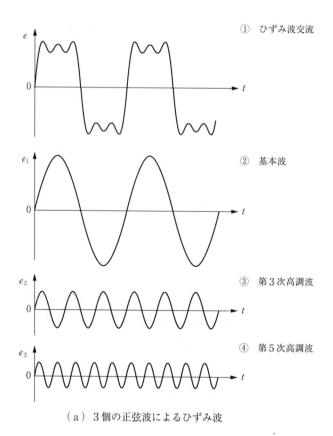

(a) 3個の正弦波によるひずみ波

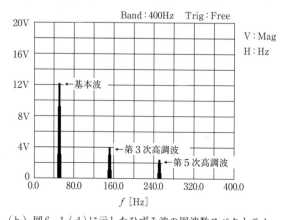

(b) 図6-1(d)に示したひずみ波の周波数スペクトラム

図6-2 ひずみ波交流とその周波数スペクトラム

第1節　ひずみ波交流の表現

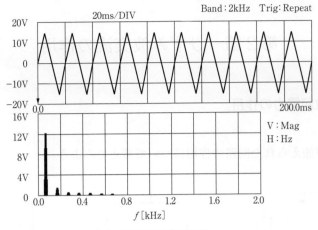

（a）三角波の高調波の例

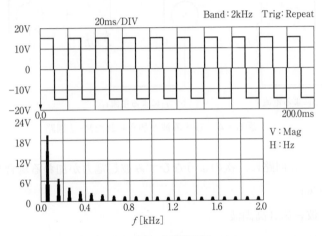

（b）方形波の高調波の例

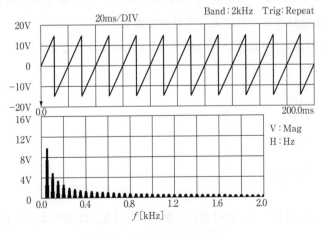

（c）のこぎり波の高調波の例

図6－3　一般のひずみ波交流の周波数スペクトラムの例

第2節　ひずみ波交流の作用

2.1　ひずみ波起電力の作用

ひずみ波起電力が加えられた回路の作用について考えてみよう。

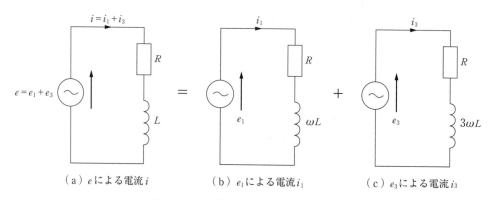

（a）eによる電流i　　　（b）e_1による電流i_1　　　（c）e_3による電流i_3

図6-4　ひずみ波が加えられた$R-L$回路

図6-4の直列$R-L$回路に，次のようなひずみ波起電力が加わる場合を考える。

$$e = e_1 + e_3$$
　　　＝基本波＋第3高調波
$$= \sqrt{2}E_1 \sin\omega t + \sqrt{2}E_3 \sin 3\omega t \cdots\cdots(6-3)$$

$R-L$回路に流れる電流は，基本波e_1による電流i_1，及び第3高調波e_3による電流i_3を求め，それぞれ加え合わせることによって計算できる。

基本波e_1による電流i_1の電流フェーザ$\dot{I}_1$は，次のようになる。

$$\left.\begin{array}{l} \dot{I}_1 = \dfrac{E_1}{R + j\omega L} \\[6pt] I_1 = \dfrac{E_1}{\sqrt{R^2 + (\omega L)^2}} \\[6pt] \theta_1 = \tan^{-1}\left(\dfrac{\omega L}{R}\right) \end{array}\right\} \cdots\cdots(6-4)$$

$\dot{I}_1$は，基本波E_1に対してθ_1だけ遅れ，瞬時値i_1[A]は次のように書ける。

$$i_1 = \sqrt{2}I_1 \sin(\omega t - \theta_1) \cdots\cdots(6-5)$$

また，第3高調波e_3による電流i_3の電流フェーザ$\dot{I}_3$は，次のようになる。

$$\left.\begin{array}{l}\dot{I}_3 = \dfrac{E_3}{R+j3\omega L} \\[4pt] I_3 = \dfrac{E_3}{\sqrt{R^2+(3\omega L)^2}} \\[4pt] \theta_3 = \tan^{-1}\left(\dfrac{3\omega L}{R}\right)\end{array}\right\} \quad \cdots\cdots (6-6)$$

同じように,$\dot{I}_3$ は,基本波 E_3 に対して θ_3 だけ遅れ,瞬時値 i_3 [A] は次のようになる。

$$i_3 = \sqrt{2}\,I_3 \sin(3\omega t - \theta_3) \quad \cdots\cdots (6-7)$$

回路に流れる電流は,i_1 と i_3 を加えることにより計算できる。

$$i = \sqrt{2}\{I_1 \sin(\omega t - \theta_1) + I_3 \sin(3\omega t - \theta_3)\} \quad \cdots\cdots (6-8)$$

ここで,I_1 と I_3 を比較してみると,式(6-4),式(6-6)から次の関係が得られる。

$$\frac{I_3}{I_1} = \frac{E_3}{E_1}\sqrt{\frac{R^2+(\omega L)^2}{R^2+(3\omega L)^2}} \quad \cdots\cdots (6-9)$$

上式より,$(I_3/I_1) < (E_3/E_1)$ が成り立つ。

すなわち,「$R-L$ 直列回路では,L のリアクタンスが周波数に比例して大きくなるため,基本波による電流に比べると,高調波の電流が流れにくくなるのである」。

このように,ひずみ波起電力に対する回路の動作は,正弦波交流と同じようにして調べることができる。

2.2 実効値

正弦波交流の実効値は,抵抗中で消費される電力から定められた(第4章1.6項参照)。

ひずみ波交流における実効値を図6-4から考えてみよう。図6-4(b),(c)のそれぞれの電流 i_1,i_3 は実効値 I_1,I_3 であり,抵抗に流れる。ひずみ波電流 i の実効値を I とすれば,抵抗にそれぞれ流れていることから,次の式となる。

$$RI^2 = RI_1{}^2 + RI_3{}^2 \quad \cdots\cdots (6-10)$$

すなわち,

$$\left.\begin{array}{l}I^2 = I_1{}^2 + I_3{}^2 \\[4pt] I = \sqrt{I_1{}^2 + I_3{}^2}\end{array}\right\} \quad \cdots\cdots (6-11)$$

又は,

このようにして,「ひずみ波交流の実効値は,各成分の実効値の2乗の総和の平方根から求められる」。したがって,式(6-2)のように一般的なひずみ波交流の場合は,次式となる。

$$E = \sqrt{E_0{}^2 + E_1{}^2 + E_2{}^2 + E_3{}^2 + \cdots} \quad \cdots\cdots (6-12)$$

すなわち，ひずみ波交流成分に直流成分が含まれているならば，それを忘れずに含めて，式（6 − 12）から実効値を計算すればよい．

〔例題 1〕 図 6 − 5 の R-C 直列回路に $e = 5 + 10\sqrt{2}\sin\omega t + 20\sqrt{2}\sin 2\omega t$ [V] のひずみ波電圧を加えたとき，その電圧の実効値と流れる電流の実効値を求めよ．
ただし，X_c は ω [rad/s] の角周波数に対して $X_c = 2\,\Omega$ とする．

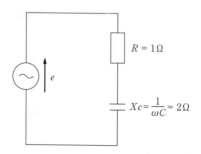

図 6 − 5　例題 1 の回路

(解) 電圧 e に対する実効値を E とすれば，式（6 − 12）より，

$$E = \sqrt{5^2 + 10^2 + 20^2}$$
$$= 22.9\text{ V}$$

e の直流分 5 V に対しては，コンデンサのために直流電流は流れないので，$I_0 = 0$. 基本波，第 2 次高調波電流の実効値を I_1，I_2 とすれば，

$$I_1 = \frac{10}{\sqrt{1^2 + 2^2}} = 4.47\text{ A}$$

$$I_2 = \frac{20}{\sqrt{1^2 + \left(\frac{2}{2}\right)^2}} = \frac{20}{\sqrt{2}} = 14.1\text{ A}$$

よって，ひずみ波電流の実効値 I は，
$$I = \sqrt{I_0{}^2 + I_1{}^2 + I_2{}^2}$$

$$= \sqrt{\frac{100}{5} + \frac{400}{2}} = \sqrt{220} = 14.8\text{ A}$$

第6章のまとめ

この章で学んだことは，以下のとおりである。

（1） ひずみ波交流は，周波数，最大値，位相の異なる正弦波に分けることができ，逆にこのような正弦波を組み合わせて，ひずみ波交流を合成することができる。

　　　ひずみ波交流電圧＝直流電圧＋基本波電圧＋第2次高調波電圧＋…

（2） ひずみ波交流が回路に加えられた場合，基本波，第1次高調波，第2次高調波，……に分けてそれぞれ独立に結果を求め，それを加えることにより，ひずみ波交流に対する回路動作を調べることができる。

（3） ひずみ波交流の実効値は直流分，第1次高調波，第2次高調波，……それぞれの実効値の2乗の和の平方根で与えられる。

第6章 練習問題

1. 次の式で与えられる交流の波形を描け。
$$i = 10\sin\omega t - 5\sin 3\omega t \,[\text{A}]$$

2. 次の交流電圧 v はどのような特徴をもった電圧であるといえるかを述べよ。
$$v = 10\sin\omega t + 2\sin 3\omega t + \sin 5\omega t \,[\text{V}]$$

3. $R = 3\,\Omega$,$L\,[\text{H}]$ の直列回路に,次の式のひずみ波起電力が加えられたときに流れる電流を瞬時値形式で表せ。ただし,$\omega L = 4\,\Omega$ とする。
$$e = 2 + 2\sqrt{2}\cos\omega t + \sqrt{2}\sin 2\omega t \,[\text{V}]$$

4. 3. の問題の e の実効値を求めよ。

5. あるひずみ波交流は周期が 20ms で,基本波と第5次高調波からなっており,各成分の実効値の比が 4:3 であるという。また,これを電流計で測ったところ実効値が 5 A であったとして,そのひずみ波の基本周波数と各成分の実効値を求めよ。

第7章
過渡現象

　これまでの各章では，回路の接続状態の変化（例えば，スイッチの開閉など）が起こってから十分に時間が経過し，回路内の電圧や電流などの諸量が一定値，あるいは一定の周期的変化を保った状態で落ち着いているとき（すなわち，定常状態）の電気回路を主として学んだ。

　この章では，スイッチの開閉などに伴い，ある定常状態から他の定常状態に変わっていくとき（過渡状態）における電気回路について学ぶ。

第1節 過渡現象の基礎

1．1 過渡状態と定常状態

　電気回路の状態には2種類ある。これを，最も身近な，蛍光灯の点滅の様子を例にとって調べてみよう。

　ある時刻に蛍光灯のスイッチを閉じても，たいていの場合はすぐに点灯せずに途中不安定な状態を経て，以後は一定の照度を保って発光するようになる。また，他の時刻にスイッチを切ると，この瞬間スイッチの内部から光が発することがある。しかし，その後，蛍光灯は完全に消える。

　この場合，蛍光灯が完全に消えているか，完全に点灯しているような安定した状態を定常状態，また，これらの定常状態の間で移り変わるときの不安定な状態を過渡状態という。さらに，過渡状態において回路中に起こる電圧，電流の変化，これに伴って起こる現象（アークの発生など）を一般に**過渡現象**という。

　図7－1には，ある回路の状態がⅠからⅡ，ⅡからⅢへと二つの過渡状態を経て変わる場合を示している。電気機械でいえば，始動する場合やその負荷が急に変化する場合，配電線で電気事故が起こる場合，また，電子回路をパルス，方形波信号が通過する場合など，いずれの場合も過渡現象が生じる。

　過渡現象の様子とその継続時間は，それが開始する直前の回路の状態と直後の回路定数（R，L，Cの値）によって定まる。

　以上のことから考えると，これまで学んだことは，「第2章第5節」を例外として，ほとんどが定常状態に関するものであったことが分かる。

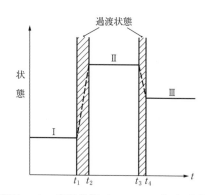

図7－1　定常状態（Ⅰ，Ⅱ，Ⅲ）と過渡状態

回路網が，R，L，C から構成されているとする。ある状態で，これらの各素子には電流が流れ，端子間には電位差が現れているかもしれない。それらの電流，電圧は，これまでに学んだ方法で知ることができる。

　この回路に，ある時刻でスイッチの開閉によって別の電源が接続されたり，又は回路の一部分が開放されたりすると，過渡現象が始まる。

　例えば，抵抗 R [Ω] とインダクタンス L [H] を直列に接続し，スイッチSを介して直流電源 E [V] を接続させた図7－2（a）の電気回路において，時刻 $t=0$ でスイッチSを閉じたときの各時刻 t における電流 i を測定したら，図7－2（b）に示すような波形となる。

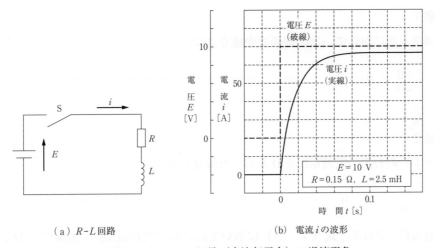

（a）R-L 回路　　　　　　　　　（b）電流 i の波形

図7－2　R-L 回路（直流起電力）の過渡現象

第2節　過渡現象の解析例

2.1　R-L 回路

図7-3に示す直流起電力を含む$R-L$回路において，$t=0$でスイッチを閉じたときの過渡現象を解いてみよう。

解法手順1

まず，図7-3において，次の関係式が成り立つ。

$$L\frac{\Delta i}{\Delta t} + Ri = E \quad \cdots\cdots(7-1)$$

解法手順2

式（7-1）の右辺の電源電圧を0とおいた微分方程式，

$$L\frac{di}{dt} + Ri = 0 \quad \cdots\cdots(7-2)$$

の解が，過渡解i_tである。式（7-2）において$i = Ae^{mt}$及び$di/dt = Ame^{mt}$とおくと，補助方程式は，

$$Lm + R = 0 \quad \cdots\cdots(7-3)$$

となるので，

$$m = -\frac{R}{L} \quad \cdots\cdots(7-4)$$

よって，過渡解i_tは，Aを任意定数として次式で表される。

$$i_t = Ae^{-\frac{R}{L}t} \quad \cdots\cdots(7-5)$$

この過渡解i_tについては，交流起電力を含む$R-L$回路の場合と同じ式となる。

次に，定常項i_sを求める。

図7-3の回路において，$t=0$でスイッチを閉じてから十分に時間が経過して，定常状態になったときの電流iが定常項i_sである。

インダクタンスLにi_0なる直流電流が流れているときの鎖交磁束数ϕ_0は，式（2-36）(p99)

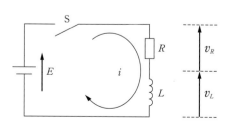

図7-3　$R-L$回路（直流起電力）

― 236 ―

から $\phi_0 = Li_0$ である。したがって，ϕ_0 は，i_0 が変化しない限り一定値を保つから，このときのインダクタンスには誘導起電力が生じない。つまり，「一定値の直流電流が流れているインダクタンスは，電気的には何らの作用もせず，短絡されていることと同じである」といえる。

よって，定常項 i_s は，

$$\therefore i_s = \frac{E}{R} \quad \cdots\cdots\cdots\cdots\cdots\cdots\cdots\cdots\cdots\cdots\cdots\cdots\cdots\cdots\cdots\cdots\cdots (7-6)$$

として求めることができる。

したがって，一般解は，式（7-5）及び式（7-6）より次式となる。

$$i = i_s + i_t$$
$$= \frac{E}{R} + Ae^{-\frac{R}{L}t} \quad \cdots\cdots\cdots\cdots\cdots\cdots\cdots\cdots\cdots\cdots\cdots\cdots\cdots (7-7)$$

解法手順3

初期条件は，前述した交流起電力を含む $R-L$ 回路の場合と同じく，$i(0)=0$ である。よって，これを式（7-7）に代入することで，

$$0 = \frac{E}{R} + Ae^{-\frac{R}{L}0}$$
$$\therefore A = -\frac{E}{R} \quad \cdots\cdots\cdots\cdots\cdots\cdots\cdots\cdots\cdots\cdots\cdots\cdots\cdots\cdots\cdots (7-8)$$

を得る。

以上より，式（7-8）を式（7-9）に代入することで，

$$i = \frac{E}{R}(1 - e^{-\frac{R}{L}t}) \quad \cdots\cdots\cdots\cdots\cdots\cdots\cdots\cdots\cdots\cdots\cdots\cdots (7-9)$$

を得る。また，抵抗の電圧 v_R 及びインダクタンスの電圧 v_L は，次式で与えられる。

$$v_R = Ri = E(1 - e^{-\frac{R}{L}t}) \quad \cdots\cdots\cdots\cdots\cdots\cdots\cdots\cdots\cdots (7-10)$$
$$v_L = E - v_R = Ee^{-\frac{R}{L}t} \quad \cdots\cdots\cdots\cdots\cdots\cdots\cdots\cdots\cdots\cdots (7-11)$$

図7-4に，これらの過渡応答を示す。

ところで，式（7-9）中の $e^{-\frac{R}{L}t}$ は，時間 t に対して図7-5に示すように徐々に減少し，ついには0となる性質をもつ指数関数である。$R-L$ 回路において，次式で表される τ は時定数の量記号を表し，単位は秒（second，単位記号 [s]）を用いる。

$$\tau = \frac{L}{R} \quad \cdots\cdots\cdots\cdots\cdots\cdots\cdots\cdots\cdots\cdots\cdots\cdots\cdots\cdots\cdots\cdots (7-12)$$

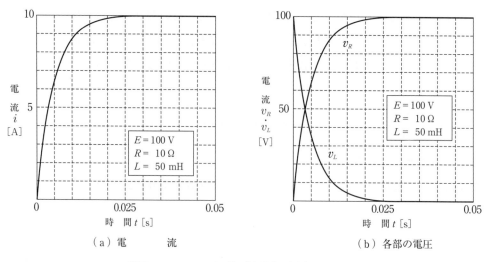

(a) 電　　流　　　　　　　　　　（b）各部の電圧

図7-4　R-L回路（直流起電力）の過渡応答

　この時定数 τ が大きければ，$e^{-\frac{t}{\tau}}$ はゆっくりと減少するので，電流 i は立ち上がりの遅い応答となる。逆に時定数が小さければ，$e^{-\frac{t}{\tau}}$ は速く減少するので，電流 i は立ち上がりの速い応答になる。

　図7-6には，時定数が異なる場合の $R-L$ 回路の応答波形を示す。時定数の大きい②の波形が，時定数の小さい①の波形よりも立ち上がりの遅いゆっくりとした応答となっていることが分かる。

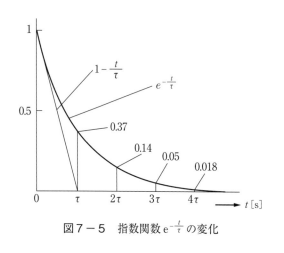

図7-5　指数関数 $e^{-\frac{t}{\tau}}$ の変化

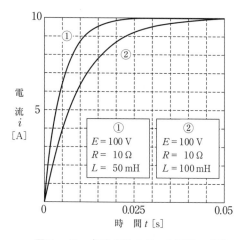

図7-6　各時定数の $R-L$ 回路の応答

2.2　R-C回路

　図7-7の回路で，スイッチSを $t=0$ で閉じたときの電流 i を求めてみよう。ただし，スイッチを閉じる前にコンデンサ C に蓄えられている電荷 q は，0であったとする。

解法手順1

図7-7において，次の関係式が成り立つ。

$$Ri + \frac{q}{C} = E \quad \cdots\cdots\cdots\cdots (7-13)$$

i と q には，$i = \Delta q/\Delta t$ なる関係がある。これを式（7-13）に代入すると，次式を得る。

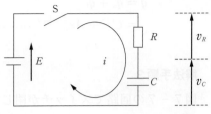

図7-7　R-C回路（直流起電力）

$$R\frac{\Delta q}{\Delta t} + \frac{q}{C} = E \quad \cdots\cdots\cdots (7-14)$$

解法手順2

解法手順2-1：過渡項 q_t を求める。

式（7-14）の微分方程式において，右辺の電源の電圧を0とおいた微分方程式，

$$R\frac{dq}{dt} + \frac{q}{C} = 0 \quad \cdots\cdots\cdots\cdots\cdots\cdots\cdots\cdots\cdots\cdots\cdots\cdots (7-15)$$

の解が過渡項 q_t である。これの補助方程式は，式（7-15）の q 及び dq/dt に $q = Ae^{mt}$ 及び $\Delta q/\Delta t = Ame^{mt}$ を代入することから，

$$R \cdot m + \frac{1}{C} = 0 \quad \cdots\cdots\cdots\cdots\cdots\cdots\cdots\cdots\cdots\cdots\cdots\cdots\cdots (7-16)$$

となり，その根は，

$$m = -\frac{1}{CR} \quad \cdots\cdots\cdots\cdots\cdots\cdots\cdots\cdots\cdots\cdots\cdots\cdots\cdots\cdots (7-17)$$

である。よって，過渡項 q_t は次式となる。

$$q_t = Ae^{-\frac{1}{CR}t} \quad \cdots\cdots\cdots\cdots\cdots\cdots\cdots\cdots\cdots\cdots\cdots\cdots\cdots (7-18)$$

解法手順2-2：定常項 q_s を求める。

定常項 q_s は，定常状態における電荷 q を表す式である。直流の定常状態でコンデンサに q_0 の電荷が蓄えられているとき，その端子電圧 v_0 は，$v_0 = q_0/C$ で与えられた。この状態が変わらない限り，q_0 は不変であるから回路には電流は流れず，開放状態とみなせる。したがって，定常状態では $i = \Delta q/\Delta t = 0$ であるといえるので，

$$R \cdot 0 + \frac{q}{C} = E$$

$$\therefore q_s = CE \cdots\cdots\cdots\cdots\cdots\cdots\cdots\cdots\cdots\cdots\cdots\cdots\cdots\cdots\cdots\cdots\cdots (7-19)$$

解法手順2-3：一般解 q を求める。

一般解 q は，式（7-18）及び式（7-19）より次式となる。

第7章　過渡現象

$$q = q_s + q_t$$
$$= CE + Ae^{-\frac{1}{CR}t} \quad \cdots\cdots\cdots\cdots\cdots\cdots\cdots\cdots\cdots\cdots\cdots\cdots\cdots\cdots\cdots (7-20)$$

解法手順3

図7－7の回路でスイッチが閉じた瞬間（$t=0$）における電荷qの値を考える。コンデンサに蓄えられる電荷には，インダクタンスの磁束と同様に連続性がある。よって，ここでの初期条件は$q(0)=0$である。これを一般解である式（7－20）に代入することから，

$$q = CE + Ae^{-\frac{1}{CR}0} \quad \cdots\cdots\cdots\cdots\cdots\cdots\cdots\cdots\cdots\cdots\cdots\cdots\cdots (7-21)$$
$$\therefore A = -CE$$

を得る。よって，これを式（7－21）に代入することによって，

$$q = CE(1 - e^{-\frac{1}{CR}t}) \quad \cdots\cdots\cdots\cdots\cdots\cdots\cdots\cdots\cdots\cdots\cdots (7-22)$$

を得る。これより抵抗の電圧v_R，コンデンサの電圧v_C及び電流iは，次のように求められる。

$$v_C = \frac{q}{C} = E(1 - e^{-\frac{1}{CR}t}) \quad \cdots\cdots\cdots\cdots\cdots\cdots\cdots\cdots\cdots (7-23)$$

$$v_R = E - v_C = Ee^{-\frac{1}{CR}t} \quad \cdots\cdots\cdots\cdots\cdots\cdots\cdots\cdots\cdots\cdots (7-24)$$

$$i = \frac{v_R}{R} = \frac{E}{R}e^{-\frac{1}{CR}t} \quad \cdots\cdots\cdots\cdots\cdots\cdots\cdots\cdots\cdots\cdots\cdots (7-25)$$

図7－8（a）には，これらの過渡応答例を示す。また，図7－8（b）には，抵抗値は同一としてコンデンサの容量を変えたときの過渡電流iの様子を示す。

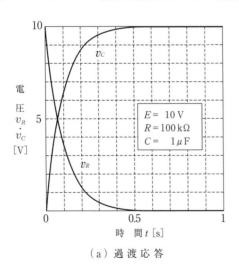
（a）過渡応答

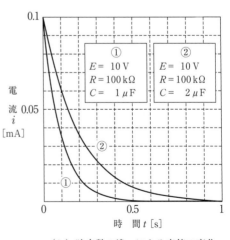
（b）時定数の違いによる応答の変化

図7－8　R-C回路の過渡現象

この図からも分かるように，R–C回路では，スイッチを閉じた瞬間からコンデンサが充電され，コンデンサの端子電圧が電源電圧と等しくなるまで過渡電流が流れる。このとき，静電容量が大きければ大きいほど，また，抵抗が大きいほど充電に時間がかかり，過渡電流iの変化は遅くなる。すなわち，CとRの大きさによって，過渡電流の時間的変化が決定され，時定数τは，

$$\tau = CR \quad\cdots\cdots\cdots\cdots\cdots\cdots\cdots\cdots\cdots\cdots\cdots\cdots\cdots\cdots\cdots\cdots\cdots\cdots (7-26)$$

で示される。

〔例題1〕 図7－7の回路において，抵抗Rが10kΩ，静電容量Cが10μFであるとき，この回路の時定数を求めよ。

（解） 式（7－26）より，
$$\tau = CR = 10 \times 10^{-6} \times 10 \times 10^3 = 0.1 \text{ s}$$

第7章のまとめ

　この章で学んだことは，以下のとおりである。

（1）　$R-L$ 回路に時刻 $t=0$ で直流電圧 E を加えたとき，回路に流れる過渡電流 i は，次式で与えられる。

$$i = \frac{E}{R}(1 - e^{-\frac{R}{L}t})$$

　この回路の時定数は，$\tau = L/R$ [s] である。

（2）　$R-C$ 回路に時刻 $t=0$ で直流電圧を加えたときの，過渡電流 i は，次式で与えられる。

$$i = \frac{E}{R}e^{-\frac{t}{CR}}$$

　この回路の時定数は，$\tau = CR$ [s] である。

第7章 練習問題

1. $R=10\ \Omega$,$L=50\ \mathrm{mH}$ の回路の時定数はいくらか。

2. $R=100\ \mathrm{k}\Omega$,$C=1\ \mu\mathrm{F}$ の回路の時定数はいくらか。

3. 図7-3の回路で $E=1\ \mathrm{V}$,$R=1\ \Omega$,$L=10\ \mathrm{mH}$ とする。$t=0$ でスイッチ S を閉じた瞬間から定常状態に至るまでの時間 t に対する電流 i の変化をグラフに示せ。

4. 図7-7の回路で $E=10\ \mathrm{V}$,$R=1\ \mathrm{k}\Omega$,$C=1\ \mu\mathrm{F}$ とする。$t=0$ でスイッチ S を閉じた瞬間から定常状態に至るまでの時間 t に対する電流 i の変化をグラフに示せ。

第1章 練習問題の解答

1. 放電電荷は $Q = It = 1 \times 60 = 60\,\text{C}$，よって残りの電荷は $100 - 60 = 40\,\text{C}$ となる。

2. （1） $R_{ab} = 7.1\,\Omega$
   （2） $R_{cd} = 1/15 \cong 0.067\,\Omega$
   （3） $R_{ef} = 13/8 = 1.625\,\Omega$

3. 等価回路は，次図のようになり，

$$I = \frac{8}{0.08 + 0.42} = \frac{8}{0.5} = 16\,\text{A}$$

$$W = 16^2 \times 0.42 = 107.5\,\text{W}$$

となる。

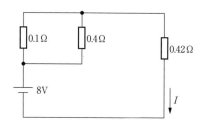

4. 「キルヒホッフの第1法則（電流則）」を各点に適用すれば，

a 点：$2 + I_1 = 5$
b 点：$-I_1 - I_2 - 1.5 = 0$
c 点：$I_2 - I_3 - 1.5 = 0$

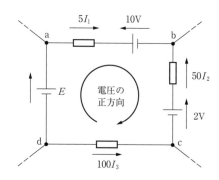

となり，これを解けば $I_1 = 3$，$I_2 = -4.5$，$I_3 = -6\,\text{A}$ を得る。

一方,「キルヒホッフの第2法則（電圧則）」を回路a-b-c-d-aに適用する。各抵抗における電圧降下と起電力の向きと値を表示した図を見ながら，電圧の正方向を右回りと設定して電圧方程式を書くと，次式を得る。

$$5I_1 - 10 - 50I_2 - 2 - 100I_3 + E = 0$$

この式に$I_1 \sim I_3$の値を代入して，$E = -828$ Vを得る。

以上の結果から，I_2, I_3及びEの解に負号が付いているので，電流I_2とI_3は回路図中に仮定した向きとは逆の向きに流れ，また，点a, b間に入っている起電力Eは，逆向きに接続されないと現実的でないということを示唆していると考えなければならない。

5. 点dに対する端子a, bの電位は，それぞれ，

$$V_{ad} = \frac{50}{80} \times 24 = 15 \text{ V}$$

$$V_{bd} = \frac{300}{480} \times 24 = 15 \text{ V}$$

で，同電位となる。したがって，点aとbを短絡しても，その短絡枝に電流が流れることがなく，a, b開放と同等である。

よって，電流Iは端子a, bの開放，短絡によらず不変で，次式となる。

$$I = 24\left(\frac{1}{80} + \frac{1}{480}\right) = 0.3 + 0.05 = 0.35 \text{ A}$$

6. 平衡条件式を表現してRを計算すればよい。

$$RR_2 = R_1 R_3 = 100R = 1.5 \times 300$$

$$\therefore R = 4.5 \text{ }\Omega$$

7. 題意を図示すれば，次図のようになる。

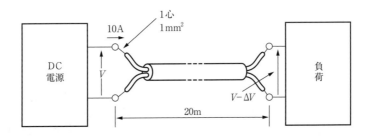

電圧降下は，単心で換算すれば40mから発生する。電線材は軟銅で，室温が20℃程度とすれば，

抵抗率 $\rho = 1.724 \times 10^{-2}\,\Omega \cdot \mathrm{mm}^2/\mathrm{m}$

したがって，電線の合成抵抗 R は，

$$R = \frac{\rho l}{S} = \frac{1.724 \times 10^{-2} \times 40}{1} \fallingdotseq 6.896 \times 10^{-1}\,\Omega$$

となり，電圧降下は $\Delta V = RI \fallingdotseq 7\,\mathrm{V}$ である。

8．総使用電力量は $1.5 \times 24 \times 30 = 1\,080\,\mathrm{kW \cdot h}$ であるから，料金は $1\,080 \times A$ 円である。

9．二次電池を放電するときは，⊕極から電流が流れ出て電荷が減少するから，充電時には，電池の⊕極へ減少した電荷分を補うように充電器を動作させる必要がある。したがって，電池と充電器のそれぞれの端子は同極性同士で結線され，かつ充電器の電圧が蓄電池の電圧より高い状態に調整されている必要がある。この様子を次図に示す。

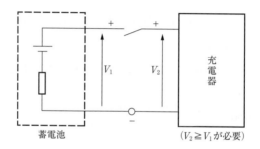

10．いま，一例として測温部の温度が100℃，低温接点が0℃とすれば，表1−5（p63）のデータが使える。銅，コンスタンタンをそれぞれ金属 A，B と命名すると，同表より，

$e_A = +0.76\,\mathrm{mV}$

$e_B = -3.51\,\mathrm{mV}$

であって，$e_A > e_B$ であるから銅線側に⊕，コンスタンタン側に⊖の電圧が発生することになる。

第2章　練習問題の解答

1. 式（2-2）より，

$$F = 6.33 \times 10^4 \frac{m_1 m_2}{r^2}$$
$$= 6.33 \times 10^4 \frac{4 \times 10^{-4} \times 2 \times 10^{-4}}{(0.1)^2}$$
$$= 0.51 \text{ N}$$

力の大きさは0.51Nで，異極間に働くから吸引力である。

2. 式（2-4）より，真空中であるので比例定数は$1/4\pi\mu_0$となる。

$$H = \frac{1}{4\pi\mu_0} \frac{m}{r^2}$$
$$= 6.33 \times 10^4 \frac{5 \times 10^{-4}}{(0.05)^2} \fallingdotseq 1.27 \times 10^4 \text{ A/m}$$

3. 「第2章第3節3．5」より，

　　ア　磁界の強さ
　　イ　磁束密度
　　ウ　ヒステリシス損

4. 式（2-23）より，磁気抵抗R_mは$R_m = l/\mu S$で与えられる。
また，式（2-24）より，起磁力F_mは$F_m = \phi R_m$である。両式より，$F_m = \phi l/\mu S$となり値を代入すると，

$$F_m = \frac{\phi l}{\mu_0 \mu_s S} = \frac{0.5 \times 0.1}{4\pi \times 10^{-7} \times 1\,000 \times 10 \times 10^{-4}} \fallingdotseq 4.0 \times 10^4 \text{ A}$$

5. 式（2-25）より，

$$F = BIl = 0.1 \times 50 \times 0.3 = 1.5 \text{ N}$$

6. 式（2-29）より，コイルに誘導される起電力eは，

$$e = -N \frac{\Delta \phi}{\Delta t}$$
$$= -100 \times \frac{-0.05}{0.02} = 250 \text{ V}$$

よって，その大きさは250Vである。

7. 式（2 - 31）より，

$$\begin{aligned}e &= Blv'\sin\theta \\ &= 1.2 \times 0.5 \times 3 \times \sin 60° \\ &= 1.8 \times \frac{\sqrt{3}}{2} \fallingdotseq 1.56\text{ V}\end{aligned}$$

8. 式（2 - 37）より，コイルに誘導する起電力 e は，

$$e = -L\frac{\varDelta i}{\varDelta t} = -10 \times 10^{-3}\frac{6}{\frac{1}{100}} = -6\text{ V}$$

よって，大きさでいえば 6 V となる。

9. 式（2 - 39）より，コイル B に誘導する起電力 e_s は，

$$\begin{aligned}e_s &= -M\frac{\varDelta i_p}{\varDelta t} = -1 \times 10^{-3}\frac{150 \times 10^{-3}}{1} \\ &= -150\,\mu\text{V}\end{aligned}$$

よって，大きさでいえば $150\mu\text{V}$ となる。

10. 式（2 - 46）より，

$$k = \frac{M}{\sqrt{L_1 L_2}} = \frac{0.05}{\sqrt{0.3 \times 0.2}} \fallingdotseq 0.2$$

第3章　練習問題の解答

1．式（3－3）より，

$$F = \frac{Q_1 Q_2}{4\pi\varepsilon_0 r^2} \fallingdotseq 9 \times 10^9 \frac{Q_1 Q_2}{r^2}$$
$$= 9 \times 10^9 \frac{3 \times 10^{-8} \times 5 \times 10^{-8}}{(0.1)^2} = 1.35 \times 10^{-3} \text{ N}$$

よって，1.35×10^{-3} Nの反発力が働く．

2．参考図1のようにP点に生じる q_1 による電界を E_A，q_2 による電界を E_B とすると，

$$E_A = 9 \times 10^9 \frac{q_1}{r^2}$$
$$= 9 \times 10^9 \frac{3 \times 10^{-6}}{(0.03)^2} = 3 \times 10^7 \text{ V/m}$$

$$E_B = 9 \times 10^9 \frac{-1 \times 10^{-6}}{(0.07)^2} \fallingdotseq -1.8 \times 10^6 = -0.18 \times 10^7 \text{ V/m}$$

よって，P点の合成電界 E は，
$$E = E_A - E_B = 3 \times 10^7 - (-0.18 \times 10^7)$$
$$= 3.18 \times 10^7 \text{ V/m}$$

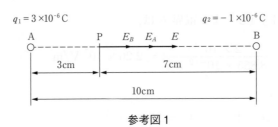

参考図1

3．「第2章第1節1.6」と「第3章第1節1.7」を比較してみると，次のとおりである．
① 電気力線は，閉じた曲線にはならない．
② 電気力線は，電位の高いところから低いところに向かう．
③ 電気力線は，導体表面に対して，垂直に出入りする．

4．式（3－12）より，

— 249 —

$$V = \frac{Q}{4\pi\varepsilon_0 r}$$
$$= 9 \times 10^9 \frac{5 \times 10^{-7}}{0.3} = 1.5 \times 10^4 \text{ V}$$

5．参考図2のような点Pの電位を求めることであるので，式（3 − 15）より，

$$V = \frac{1}{4\pi\varepsilon_0}\left(\frac{Q_1}{r_1} + \frac{Q_2}{r_2} + \frac{Q_3}{r_3}\right)$$

$$= 9 \times 10^9 \left(\frac{1}{3} + \frac{2}{2} + \frac{3}{1}\right)$$

$$= 9 \times 10^9 \times \frac{26}{6} = 39 \times 10^9 \text{ V}$$

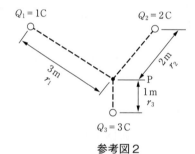

参考図2

6．「第3章第2節2．1」（2）より電界 E は，

$$E = \frac{Q}{\varepsilon_0 S} = \frac{2 \times 10^{-6}}{8.855 \times 10^{-12} \times 1} \fallingdotseq 2.26 \times 10^5 \text{ V/m}$$

よって，電位差 V は，

$$V = Ed = 2.26 \times 10^5 \times 0.01 = 2.26 \times 10^3 \text{ V}$$

7．式（3 − 18）より，

$$C = \frac{\varepsilon_0 S}{d} = \frac{8.855 \times 10^{-12} \times 1}{0.01} = 885.5 \times 10^{-12} \text{ F}$$
$$= 885.5 \text{ pF}$$

8．式（3 − 16）より，

$$Q = CV = 1 \times 10^{-6} \times 10 = 1 \times 10^{-5} \text{ C}$$

9. ① 並列接続した場合

　　式（3 − 21）より，

$$C = C_1 + C_2 = 10 + 20 = 30 \ \mu\text{F}$$

② 直列接続した場合

　　式（3 − 22）より，

$$C = \cfrac{1}{\cfrac{1}{C_1} + \cfrac{1}{C_2}} = \cfrac{1}{\cfrac{1}{10} + \cfrac{1}{20}} = \cfrac{200}{30} \fallingdotseq 6.7 \ \mu\text{F}$$

以上より並列接続した場合は，静電容量が増え，逆に直列接続した場合は減ることが分かる。

10. 参考図3のように，C_2，C_3 による合成静電容量は，$5\ \mu\text{F}$ になる。したがって，C_1 及び $C_2 + C_3$ には，それぞれ 50V の電圧が加わる。C_1 に蓄えられている電荷が Q_1 であるから式（3 − 16）より，

$$Q_1 = C_1 V = 5 \times 10^{-6} \times 50 = 2.5 \times 10^{-4} \text{ C}$$

また，C_2，C_3 に加わる電圧は，並列なので 50V となる。よって，

$$Q_2 = C_2 V = 2 \times 10^{-6} \times 50 = 1 \times 10^{-4} \text{ C}$$
$$Q_3 = C_3 V = 3 \times 10^{-6} \times 50 = 1.5 \times 10^{-4} \text{ C}$$

となる。

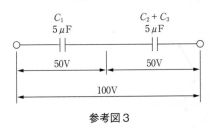

参考図3

第4章　練習問題の解答

1. i_1 は大きさの変動が激しいが，流れの向きが不変であるから直流である（ただし，平均値が I_{a1} の直流と，最大値が $(I_{m1} - I_{a1})$ の正弦波的な交流との合成電流と考えることができる）。

   i_2，i_3 はいずれも流れの向きが逆転するから交流である。

2. （1）　最大値 141.4V，実効値 100V，周波数 50Hz，周期 20ms
   （2）　最大値 7.07V，実効値 5 V，周波数 25kHz，周期 40μs

3. i_1 が i_2 より 60°（又は $\pi/3$ [rad]）進んでいる。

4. （1）　$\pi/3$ [rad]
   （2）　45°
   （3）　$4\pi/3$ [rad]
   （4）　120°

5. （1）　$\alpha = 45°$，225°
   （2）　$\beta = \pm 60°$
   （3）　$\gamma = -30°$，150°

6. （a）　$\dot{I}_1 = I_1$，$\dot{E}_2 = E_2 \angle 90°$，$\dot{E}_3 = E_3 \angle -120°$
   （b）

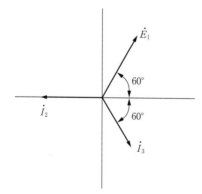

7.

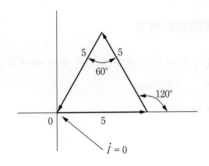

8. $P = I^2 R = (100)^2 \times 10^{-2} = 100\,\text{W}$

9. $\lambda = 3 \times 10^{10}/10^9 = 30\,\text{cm}$

10. （1） $T = 10\,\text{ms} = 0.01\,\text{s}$, $f = 1/T = 100\,\text{Hz}$
   （2） $E_{m1} = 10\,\text{V}$, $\omega = 2\pi f = 628\,\text{rad/s}$ であるから $e_1 = 10\sin 628t$ と書ける．
   （3） $E_{m1}/\sqrt{2} = E_1 \fallingdotseq 7.1\,\text{V}$
   （4） e_3
   （5） e_2
   （6） e_2
   （7） $e_1 \sim e_4$ に対するベクトルを $\dot{E}_1 \sim \dot{E}_4$ とすれば，次図のとおりになる．ただし，
   $E_1 : E_2 : E_3 : E_4 = 10 : 20 : 15 : 12$ である．

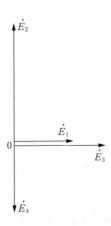

第5章　練習問題の解答

1. R は周波数 f に無関係，インダクタンス及びキャパシタンスのインピーダンスは，それぞれ ωL 及び $\frac{1}{\omega C}$ である。ただし，$\omega = 2\pi f$。

したがって，60Hz に対するインピーダンスは，

$$R = 50\,\Omega$$

$$\omega L = \frac{60}{50} \times 30 = 36\,\Omega$$

$$\frac{1}{\omega C} = \frac{50}{60} \times 3.6 = 3\,\Omega$$

となる。

2. インピーダンス $\dot{Z}_L$ を変形すると，

$$\dot{Z}_L = 5\left(\frac{3}{5} + \frac{j4}{5}\right)$$

となる。よって，力率は遅れの 0.6 と低い。力率を改善するリアクタンスは，負荷に並列に接続される必要があるから，負荷のアドミタンスを計算すると，

$$\dot{Y}_L = \frac{1}{\dot{Z}_L} = \frac{3 - j4}{25}\,[\text{S}]$$

したがって，力率改善に要するサセプタンスは $\frac{j4}{25}\,[\text{S}]$ であり，キャパシタで達成される。そのキャパシタンス C を求めると，

$$\omega C = \frac{4}{25} = 2\pi f C \fallingdotseq 314 C$$

$$\therefore\ C = \frac{4 \times 10^6}{25 \times 314} \fallingdotseq 510\,\mu\text{F}$$

3. 等価電源の定理を応用してみる。電源 $\dot{E}_2$ が接続されている端子 b，d 間の枝路をいったん取り外して，それら 2 端子から見られる等価回路を調べる。このとき，ブリッジは平衡しているので，電源 E_1 が入っているにもかかわらず端子 b，d 間には電圧は発生しない。また，等価内部インピーダンスは，電源 E_1 が入っている a，c 間の枝路を短絡とみても，開放とみても同じ値を示す。

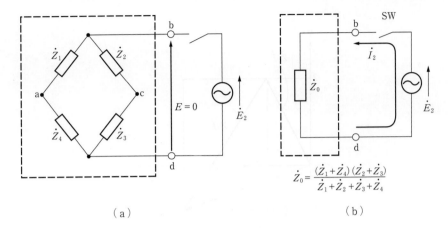

(a)　　　　　　　　　　　　(b)

よって，求めるべき電流 $\dot{I}_2$ は図 (b) のスイッチ (SW) を閉じたときに流れる値となる。

$$\therefore \dot{I}_2 = \dot{E}_2/\dot{Z}_0$$

4．Y 結線時の相電圧は $200/\sqrt{3}$ V，よって相電流 $\dot{I}$ は，

$$\dot{I} = \frac{\frac{200}{\sqrt{3}}}{1} \angle 60° \fallingdotseq 115.5 \angle -60° \text{[A]}$$

負荷の消費電力 P は，

$$P = \sqrt{3}VI\cos\theta = \sqrt{3} \times 200 \times \frac{200}{\sqrt{3}} \times \cos 60° = (200)^2 \times 0.5 \times 20\,\text{kW}$$

5．$\dfrac{1}{\omega C} = \omega L$ から，

$$C = \frac{1}{(314)^2 \times 1.014 \times 10^{-1}} \fallingdotseq 10^{-4}\text{F} = 100\,\mu\text{F}$$

6．$\omega = 2\pi f = 314$，$\omega L = 2$，$\therefore L = 2/314 = 6.37 \times 10^{-3}\,\text{H} = 6.37\,\text{mH}$，また，$\dfrac{1}{\omega C} = 3$ より，

$$C = \frac{1}{3 \times 314} = 1.06 \times 10^{-3}\,\text{F} = 1\,060\,\mu\text{F}$$

したがって，$\dot{Z}_1$ は $R = 1\,\Omega$ と $L = 6.37\,\text{mH}$ の直列回路で，また，$\dot{Z}_2$ は $R = 2\,\Omega$ と $C = 1\,060\,\mu\text{F}$ の直列回路で表せる。

7．ベクトル図は，次図に示すとおりとなる。全電圧は，

$$(\dot{Z}_1 + \dot{Z}_2)\dot{I} = \{(1+2) + j(2-3)\} \times 1 = 3 - j\,\text{[V]}$$

であるから，その大きさは，

$$|(\dot{Z}_1 + \dot{Z}_2)\dot{I}| = \sqrt{9+1} \fallingdotseq 3.16\,\text{V}$$

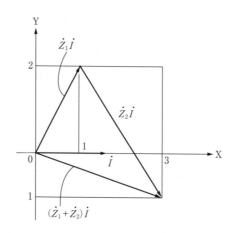

8. $\dot{Z}_2\dot{Z}_3 = (1+j3)(1-j3) = 1+9 = 10\,\Omega$，また，$R_1R_4 = 2\times 5 = 10\,\Omega$．よって平衡している．

9. 平衡三相電流であるから $\dot{I}_A + \dot{I}_B + \dot{I}_C = 0\,\mathrm{A}$ が成り立つ．したがって，鉄心に対する起磁力の合成は，常に 0 となって磁束は現れない．

10. 式（5 − 104）より，周波数が定まっているから，$p=1$ のとき同期速度が最大となる．
    よって 50，60 Hz に対する最大同期速度は，それぞれ，
    $$50 \times 60 = 3\,000\,\mathrm{min}^{-1}$$
    $$60 \times 60 = 3\,600\,\mathrm{min}^{-1}$$
    である．

第6章　練習問題の解答

1.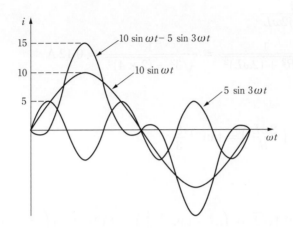

2. 角周波数 ω の基本波と第3次，第5次高調波からなるひずみ波交流で，それぞれの成分の最大値は 10V，2V，1V である。また，実効値は，

$$\sqrt{(10^2+2^2+1^2)/2} = 7.2\,\text{V}$$

3. 参考図のようにそれぞれ分けて考える。

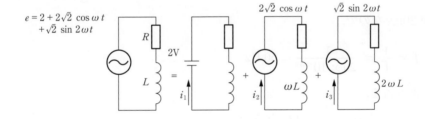

① 直流分 2V ではコイル L はショートと考えてよいから，

$$\dot{I}_1 = \frac{2}{3} = 0.67\,\text{A}$$

② $2\sqrt{2}\cos\omega t$ では，

$$\dot{I}_2 = \frac{2}{R+j\omega L}$$

$$|\dot{I}_2| = \frac{2}{\sqrt{R^2+(\omega L)^2}} = \frac{2}{\sqrt{3^2+4^2}} = 0.4\,\text{A}$$

また，位相角 θ_1 は，

$$\theta_1 = \tan^{-1}\left(\frac{\omega L}{R}\right) = \tan^{-1}\frac{4}{3}$$

③ $\sqrt{2}\sin 2\omega t$ では,

$$\dot{I}_3 = \frac{1}{R+j2\omega L}$$

$$|I_3| = \frac{1}{\sqrt{R^2+(2\omega L)^2}} = \frac{1}{\sqrt{3^2+(2\times 4)^2}} \fallingdotseq 0.12 \text{ A}$$

位相角 θ_2 は,

$$\theta_2 = \tan^{-1}\left(\frac{2\omega L}{R}\right) = \tan^{-1}\frac{8}{3}$$

①, ②, ③より,

$$i = 0.67 + 0.4\sqrt{2}\cos\left(\omega t - \tan^{-1}\frac{4}{3}\right) + 0.12\sqrt{2}\sin\left(\omega t - \tan^{-1}\frac{8}{3}\right) \text{ [A]}$$

となる。

4. $e = 2 + 2\sqrt{2}\cos\omega t + \sqrt{2}\sin 2\omega t$ [V] であるから, 式 (6-12) より実効値を E とすると,

$$E = \sqrt{{E_0}^2 + {E_1}^2 + {E_2}^2}$$
$$= \sqrt{4 + 2^2 + 1^2} = 3 \text{ V}$$

5. 周期が 20ms なので,

$$f = \frac{1}{T} = \frac{1}{20\times 10^{-3}} = 50 \text{ Hz}$$

ひずみ波交流を,

$$i = \sqrt{2}I_1 \sin\omega t + \sqrt{2}I_2 \sin 5\omega t$$

とおく。

各成分の実効値の比が 4:3 なので,

$$I_1 : I_2 = 4 : 3$$

$$I_2 = \frac{3}{4}I_1$$

ひずみ波の実効値 I は,

$$I = \sqrt{{I_1}^2 + {I_2}^2}$$
$$= \sqrt{{I_1}^2 + \left(\frac{3}{4}I_1\right)^2} = \sqrt{\frac{25}{16}{I_1}^2}$$

この値が 5 A なので,

$$\sqrt{\frac{25}{16}I_1{}^2} = 5$$

$$\therefore I_1 = 4\,\text{A}$$

また,

$$I_2 = \frac{3}{4} \times 4 = 3\,\text{A}$$

第7章　練習問題の解答

1．式（7 − 12）より，
$$r = \frac{L}{R} = \frac{50 \times 10^{-3}}{10} = 0.005 \text{ s}$$

2．式（7 − 26）より，
$$r = RC = 100 \times 10^3 \times 1 \times 10^{-6} = 0.1 \text{ s}$$

3．式（7 − 9）より，
$$i = \frac{E}{R}\left(1 - e^{-\frac{R}{L}t}\right)$$
$$= \frac{1}{1}\left(1 - e^{-\frac{R}{L}t}\right)$$
$$= 1 - e^{-\frac{R}{L}t}$$

図7 − 5より，
$$t = \tau \ (= L/R = 10 \times 10^{-3}/1 = 0.01)$$
における$e^{-\frac{R}{L}t}$の値は，0.37

よって，$t = \tau$における電流iの値は，
$$i = 1 - e^{-\frac{R}{L}t}$$
$$= 1 - 0.37$$
$$= 0.63 \text{ A}$$

同様に，$t = 2\tau$では，$i = 0.86$ A。$t = 3\tau$では，0.95A となる。また，$t = 0$では$e^{-\frac{R}{L}t}$は0なので，$i = 0$ A

以上より，次図に示す電流変化となる。

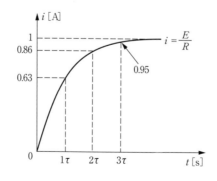

4．式 (7 - 25) より，
$$i = \frac{E}{R}e^{-\frac{1}{CR}t}$$
$$= \frac{10}{1 \times 10^3}e^{-\frac{1}{CR}t}$$
$$= 0.01e^{-\frac{1}{CR}t}$$

図 7 - 5 より，
$$t = \tau \ (= RC = 1 \times 10^{-3} \times 1 \times 10^{-6} = 0.001)$$
における $e^{-\frac{1}{CR}t}$ の値は，0.37。

よって，$t = \tau$ における電流 i の値は，

$$i = 0.01 \times e^{-\frac{1}{CR}t}$$
$$= 0.01 \times 0.37$$
$$= 0.0037 = 3.7 \, \text{mA}$$

同様に，$t = 2\tau$ では，$i = 1.4 \, \text{mA}$。3τ では，$i = 0.5 \, \text{mA}$ となる。また，$t = 0$ では $e^{-\frac{1}{CR}t}$ は 1 なので，$i = 10 \, \text{mA}$

以上より，次図に示す電流変化となる。

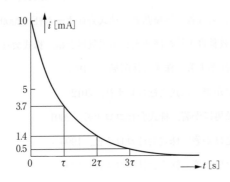

法令等一覧

（　）内は本教科書の該当ページ

○使用法令一覧

■電気設備の技術基準の解釈（令和4年6月10日改正）

第33条　低圧電路に施設する過電流遮断器の性能等（60）

（　）内は本教科書の該当ページ

○参考法令一覧

1. 電気設備に関する技術基準を定める省令（54）
2. 電気設備の技術基準の解釈（54）

○参考文献等

1. 『インターユニバーシティ　高電圧・絶縁工学』小崎正光著，株式会社オーム社，1997
2. 『インターユニバーシティ　プラズマエレクトロニクス』菅井秀郎，大江一行共著，株式会社オーム社，2000
3. 『改訂　電気回路理論』末崎輝雄，天野弘著，株式会社コロナ社，1969
4. 『基礎電気電子回路』高木亀一編著，株式会社オーム社，1990
5. 『高専の数学（Ⅰ）』田代嘉宏著，森北出版株式会社，1978，pp30～31，p393
6. 『大学課程　過渡現象（改訂2版）』高木亀一編著，株式会社オーム社，1994
7. 『大学課程　電気回路（1）第3版』大野克郎，西哲生共著，株式会社オーム社，1999
8. 『大学課程　電気回路（2）第3版』尾崎弘著，株式会社オーム社，2000
9. 『第二種　電気工事士講座教科書1』社団法人日本電気協会編，株式会社オーム社，2004
10. 『電気回路を理解する』小澤孝夫著，株式会社昭晃堂，1996
11. 『電気基礎（上）』高橋寛ほか著，株式会社コロナ社，2012
12. 『電気基礎（上）』宇都宮敏男ほか著，株式会社コロナ社，2001
13. 『電気基礎（上）』尾見定之ほか著，株式会社コロナ社，1996
14. 『電気基礎（下）』尾見定之ほか著，株式会社コロナ社，1996
15. 『電気基礎1』片岡昭雄著，実教出版株式会社，2001
16. 『電気基礎2』片岡昭雄著，実教出版株式会社，2001
17. 『電気工学ポケットブック』電気学会編，株式会社オーム社，1987
18. 『入門　回路理論』東京電機大学編，学校法人東京電機大学出版局，2005
19. 『はじめてのプラズマ技術』飯島徹穂，近藤信一，青山隆司著，株式会社工業調査会，1999
20. 『ハンディブック電気』桂井誠監修，株式会社オーム社，1996

○**協力企業等**（五十音順・企業名等は執筆当時のものです）

スターヒューズ株式会社（図 1 − 47(b)，(c)）

パナソニック株式会社エコソリューションズ社（図 1 − 47(d)，(e)）

冨士端子工業株式会社（図 1 − 47(a)）

横河メータ&インスツルメンツ株式会社（図 1 − 39(b)）

索　引

[数字・アルファベット]

- 10時間放電率 ……………………………… 62
- B－H曲線 …………………………………… 86
- N極 …………………………………………… 72
- S極 …………………………………………… 72
- Y－Δ（スターデルタ）結線 …………… 215
- Y結線 ……………………………………… 208
- Δ結線 ……………………………………… 210

[あ]

- アーク放電 ………………………………… 133
- アドミタンス ……………………………… 195
- アルカリ蓄電池 ……………………………… 61
- アンペア ……………………………………… 14
- アンペアの右ねじの法則 …………………… 83
- 暗流 ………………………………………… 133

[い]

- イオン化傾向 ………………………………… 60
- 位相 ………………………………………… 146
- 位相差 ……………………………………… 146
- 一次電池 ……………………………………… 61
- インピーダンス …………………… 168, 193
- インピーダンス整合 …………………… 205

[う]

- ウェーバ ……………………………………… 74
- うず電流 ……………………………………… 98
- うず電流損 …………………………………… 98

[え]

- 永久磁石 ……………………………………… 74

[お]

- オーム ………………………………………… 16
- オームの法則 ………………………………… 18
- オームメートル ……………………………… 49
- 遅れ力率 …………………………………… 183
- オシログラフ ……………………………… 206
- オシロスコープ …………………………… 206

[か]

- 回転ベクトル ……………………………… 151
- 回路 …………………………………………… 15
- 回路網 ………………………………………… 39
- ガウスの定理 ……………………………… 117
- ガウスの複素平面 ………………………… 188
- 角周波数 …………………………………… 145
- 角速度 ……………………………………… 145
- 重ね合わせの理 ………………………… 45, 202
- 過渡現象 …………………………………… 234
- 過渡状態 …………………………………… 234
- 雷現象 ……………………………………… 112
- 乾電池 ………………………………………… 61

[き]

- 記号法 ……………………………………… 194
- 起電力 ………………………………………… 15
- 基本波 ……………………………………… 225
- キャパシタ ………………………………… 124

索　引

キャパシタンス……………………………… 165
強磁性体……………………………………… 73
共役…………………………………………… 192
極座標………………………………………… 192
虚数単位……………………………………… 188
許容電流……………………………………… 59
キルヒホッフの第2法則…………………… 194
キルヒホッフの法則………………… 39, 199

[く]

クーロン……………………………………… 13
クーロンの法則…………………… 74, 113
グロー放電…………………………………… 133

[け]

結合係数……………………………………… 102
検電器………………………………………… 111
検流計………………………………………… 46

[こ]

合成静電容量………………………………… 127
合成抵抗……………………………………… 20
高調波………………………………………… 225
交流ブリッジ………………………………… 200
コロナ放電…………………………………… 133
コンダクタンス………………………… 19, 195
コンデンサ………………………… 124, 127

[さ]

最高許容温度………………………………… 59
最大値………………………………………… 147
サセプタンス………………………………… 195
三角結線……………………………………… 210
三相4線式…………………………………… 208

三相平衡負荷………………………………… 215
残留磁気……………………………………… 88

[し]

ジーメンス…………………………………… 19
磁荷…………………………………………… 74
磁界…………………………………………… 76
磁界の強さ…………………………………… 76
磁化曲線……………………………………… 86
磁気…………………………………………… 72
磁気回路……………………………………… 89
磁気遮へい…………………………………… 88
磁気抵抗……………………………………… 90
磁気抵抗率…………………………………… 90
磁気ヒステリシス…………………………… 88
磁気分子説…………………………………… 74
磁気誘導……………………………………… 77
磁極…………………………………………… 72
磁気量………………………………………… 74
自己インダクタンス………………………… 99
自己減磁力…………………………………… 87
自己誘導……………………………………… 99
磁軸…………………………………………… 72
磁石…………………………………………… 72
磁性体………………………………………… 73
磁束…………………………………………… 79
磁束鎖交数…………………………………… 99
磁束密度……………………………………… 79
実効値………………………………………… 148
時定数………………………………………… 237
遮断器………………………………………… 59
周期…………………………………………… 142
充電…………………………………………… 61
自由電子……………………………………… 13

索 引

充電電流 ………………………………… 129
周波数 …………………………………… 142
周波数スペクトル図 …………………… 225
ジュール熱 ………………………………… 57
ジュールの法則 …………………………… 57
循環電流 …………………………………… 37
瞬時値 …………………………………… 140
常磁性体 …………………………………… 73
ショート …………………………………… 29
磁力 ………………………………………… 72
磁力線 ……………………………………… 77
磁力線密度 ………………………………… 78
磁路 ………………………………………… 89
真空中の誘電率 ………………………… 113
真空の透磁率 ……………………………… 75

[す]

進み力率 ………………………………… 183
スター結線 ……………………………… 208

[せ]

成極作用 …………………………………… 61
正弦波交流 ……………………………… 140
静止ベクトル …………………………… 151
静電エネルギー ………………………… 130
静電界 …………………………………… 115
静電気 ……………………………………… 13
静電シールド …………………………… 123
静電遮へい ……………………………… 123
静電誘導 ………………………………… 110
静電誘導作用 …………………………… 112
ゼーベック効果 …………………………… 63
積層鉄心 …………………………………… 98
絶縁体 ………………………………… 13, 110

絶縁抵抗 …………………………………… 53
絶縁破壊 ………………………………… 132
接触抵抗 …………………………………… 54
接地 ………………………………………… 54
接地抵抗 …………………………………… 54
線間電圧 ………………………………… 208

[そ]

相互インダクタンス …………………… 100
相互誘導 ………………………………… 100
相電圧 …………………………………… 208
ソレノイド ………………………………… 84

[た]

第1法則 …………………………………… 39
第2法則 …………………………………… 39
対称座標法 ……………………………… 215
帯電 ………………………………………… 13
帯電体 …………………………………… 110
端子電圧 …………………………………… 31
短絡 ………………………………………… 29

[ち]

蓄電池の容量 ……………………………… 62
超電導材料 ………………………………… 53
直並列接続法 ……………………………… 19
直列共振 ………………………………… 174
直列接続法 ………………………………… 19

[て]

抵抗 ………………………………………… 16
抵抗率 ………………………………… 17, 49
定常状態 ………………………………… 234
定電圧電源 ……………………………… 202

定電流電源	202
テスラ	80
テブナン形等価電源	204
テブナンの定理	204
デルタ結線	210
電圧	15
電圧降下	31
電圧則	39
電位	15, 120
電位差	15, 120
電荷	13
電界	115
電界の強さ	115, 121
電界の方向	115
電気角	144
電気双極子	126
電気抵抗	16
電気的に中性	12
電気力線	116
電気量	13
電源	16
電子	12
電磁石	74
電磁誘導	94
電磁力	91
伝導電流	130
電流	13
電流則	39
電力	55
電力量	56

[と]

等価回路	23
等価抵抗	20, 23
等価電圧源	204
等価電流電源	205
同期速度	217
透磁率	75, 86
同相	160
導体	13
等電位面	121
導電率	51
トムソン効果	66

[な]

内部抵抗	34
鉛蓄電池	61

[に]

二次電池	61
ニュートン	74

[ね]

熱起電力	63
熱電型計器	65
熱電対	63
熱電流	63

[の]

ノートン形等価電源	205
ノートンの定理	205

[は]

パーセント導電率	51
倍率器	32
波形率	149
波高率	149
波長	143

反磁性体……………………………………… 73
半導体………………………………………… 16

[ひ]

非磁性体……………………………………… 73
ヒステリシス・ループ……………………… 88
ヒステリシス環線…………………………… 88
ひずみ波交流………………………………… 224
皮相電力……………………………………… 183
比透磁率………………………………… 75, 86
火花電圧……………………………………… 132
火花放電……………………………………… 132
比誘電率……………………………………… 114

[ふ]

ファラデーの電磁誘導の法則……………… 95
ファラド……………………………………… 124
フーリエ級数………………………………… 225
フェーザ……………………………………… 151
複素インピーダンス………………………… 194
複素電力……………………………………… 198
ブリッジ回路…………………………… 46, 200
フレミングの左手の法則…………………… 91
フレミングの右手の法則…………………… 96
分圧…………………………………………… 21
分圧比………………………………………… 32
分極…………………………………………… 126
分極現象……………………………………… 126
分極作用……………………………………… 61
分子磁石……………………………………… 73
分流器………………………………………… 34
分流比………………………………………… 34

[へ]

平均値………………………………………… 147
平衡…………………………………………… 47
平衡条件式…………………………………… 47
並列共振……………………………………… 181
並列接続……………………………………… 22
並列接続法…………………………………… 19
ペルチェ効果………………………………… 66
ヘルツ………………………………………… 142
変圧器………………………………………… 102
ヘンリー……………………………………… 99

[ほ]

ホイートストン・ブリッジ………………… 46
鳳・テブナンの定理………………………… 204
放電…………………………………………… 61
放電現象………………………………… 112, 132
放電終止電圧………………………………… 62
放電電流……………………………………… 129
飽和曲線……………………………………… 86
星形結線……………………………………… 208
保磁片………………………………………… 87
保磁力………………………………………… 88
ボルト………………………………………… 15

[ま]

巻数比………………………………………… 102
摩擦帯電列…………………………………… 110
摩擦電気……………………………………… 110

[む]

無効電力……………………………………… 184

[も]

漏れ電流……………………………………… 53

[ゆ]

有効電力……………………………… 184, 198
誘電率………………………………………… 114
誘導起電力…………………………………… 94
誘導性リアクタンス………………………… 162
誘導電流……………………………………… 94

[よ]

容量性リアクタンス………………………… 165

[ら]

ラジアン……………………………………… 144

[り]

リアクタンス………………………………… 166
力率…………………………………………… 183
力率改善……………………………………… 181
力率改善用コンデンサ……………………… 187
力率の改善…………………………………… 187

[れ]

レンツの法則………………………………… 95

[わ]

ワット………………………………………… 55

委 員 一 覧

平成元年2月〈作成委員〉	市川 政一	職業訓練大学校	
	鷹取 晴雄	職業訓練大学校	
	山口 英和	東京職業訓練短期大学校	
平成7年3月〈改定委員〉	石綿 丈夫	元東京職業能力開発短期大学校	
	市川 政一	職業能力開発大学校	
	窪田 政一	職業能力開発大学校	
平成15年3月〈改定委員〉	鈴木 康弘	愛媛県立宇和島高等技術専門校	
	高田 伸一	宮城県立古川高等技術専門校	
	平賀 章	埼玉県立本庄高等技術専門校	
	山本 修	職業能力開発総合大学校	

（委員名は五十音順，所属は執筆当時のものです）

職業訓練教材

電 気 理 論

昭和48年2月	初版発行
平成元年2月	改定初版1刷発行
平成15年3月	改定4版1刷発行
平成30年2月	改定5版1刷発行
令和5年4月	改定5版4刷発行

厚生労働省認定教材	
認定番号	第58683号
認定年月日	昭和63年9月30日
改定承認年月日	平成30年1月11日
訓練の種類	普通職業訓練
訓練課程名	普通課程

編　集　　独立行政法人 高齢・障害・求職者雇用支援機構
　　　　　職業能力開発総合大学校 基盤整備センター

発行所　　一般社団法人 雇用問題研究会
　　　　　〒103-0002 東京都中央区日本橋馬喰町1-14-5 日本橋Kビル2階
　　　　　電話 03(5651)7071（代表）　FAX 03(5651)7077
　　　　　URL　http://www.koyoerc.or.jp/

印刷所　　株式会社 ワイズ

131509-23-11

本書の内容を無断で複写，転載することは，著作権法上での例外を除き，禁じられています。
また，本書を代行業者等の第三者に依頼してスキャンやデジタル化することは，著作権法上認められておりません。
なお，編者・発行者の許諾なくして，本教科書に関する自習書，解説書もしくはこれに類するものの発行を禁じます。

ISBN978-4-87563-422-5